EXPOSITION [illegible] INTERNATIONALE DE [illegible]

[illegible]

COMITÉ [illegible] CLASSE

RAPPORT

sur la

PAPETERIE, RELIURE, MATÉRIEL DES ARTS

DE LA PEINTURE ET DU DESSIN

PAR M. HARO

[illegible]

MINISTÈRE DE L'AGRICULTURE ET DU COMMERCE

EXPOSITION UNIVERSELLE INTERNATIONALE DE 1878

A PARIS

GROUPE II — CLASSE X

RAPPORT

sur la

PAPETERIE, RELIURE, MATÉRIEL DES ARTS DE LA PEINTURE ET DU DESSIN

PAR

M. HARO

MEMBRE DU JURY INTERNATIONAL

PARIS

IMPRIMERIE ÉMILE MARTINET

M DCCC LXXVIII

dix-sept nations concurrentes, elle aurait été bien supérieure encore, sans les impôts qui l'entravent et la paralysent[1].

L'impôt sur le papier n'*existe qu'en France*; il en est résulté que plusieurs de nos fabricants ont été amenés à surcharger leur pâte à papier de substances minérales ou terreuses, et il est évident que le résultat final, pour le présent, ne peut être que l'abaissement de la qualité.

Si les éditions originales des ouvrages de nos grands historiens, de nos savants, de nos poètes, avaient été écrites ou imprimées sur la plupart des papiers que l'on emploie aujourd'hui, la plus grande partie de ces chefs-d'œuvre de l'esprit humain serait à jamais perdue. M. Léopold Delisle, l'éminent administrateur général de la Bibliothèque nationale, nous disait que ce grand établissement serait bientôt forcé de demander qu'à l'avenir les livres et les journaux dont le dépôt est ordonné par la loi, fussent imprimés sur des papiers spéciaux et durables.

Au point de vue industriel, la taxe sur le papier produit des résultats déplorables : d'abord elle l'expose à des chances de destruction presque sûres dans un temps relativement court, par la production défectueuse qu'elle entraîne, et ensuite les charges dont elle frappe, entravent incontestablement la vulgarisation des sciences et des lettres.

La perception de cet impôt a, en outre, le grave inconvénient d'être fatalement vexatoire[2]. Elle introduit l'employé de la Régie dans l'intérieur

---

1. Après avoir imposé le papier d'un droit d'un penny par livre, les Anglais l'ont exonéré entièrement, grâce aux efforts de M. Gladstone, qui, tout en considérant les avantages immenses que l'on retirerait de cette mesure, pour la publication des ouvrages à bon marché, et par conséquent la propagation de l'instruction des classes pauvres, ajoutait encore les réflexions suivantes, que nous trouvons utiles à reproduire. « J'ai de plus à vous déclarer que, suivant l'opinion du gouvernement de Sa Majesté, le grand avantage de ce changement, c'est que vous allez provoquer de nombreuses demandes de travail dans les campagnes, que les masses ne seront pas exclusivement attirées dans les grands centres industriels, et que l'activité des travailleurs se répartira sur tous les points du royaume. Là où il y a des cours d'eau et des villages, là où l'air est pur et l'accès facile, s'élèvent de préférence les manufactures de papier. » Il ajoutait que la taxe des pauvres était diminuée de moitié là où les manufactures avaient été rétablies.

La situation des fabricants étrangers est toute différente. Ainsi en Angleterre nous voyons que la liberté absolue de la presse existe sans cautionnement: point de timbres sur les revues, sur es affiches, sur les journaux ; liberté complète des annonces, par conséquent vente à très bas prix grâce aux produits desdites annonces.

Pas de lois fiscales limitant la circulation postale aux imprimés sur papier mince, pas de lois de colportage, loi qui a tué en France la librairie à bon marché. Lieux de production à proximité des ports d'embarquement.

Dans ces conditions, il est facile de comprendre pourquoi le développement de l'industrie de la papeterie est si considérable à l'étranger, et pourquoi, malgré le droit de sortie, on peut enlever une quantité notable de beaux chiffons aux portes de nos usines.

2. *Décret de 1871.* — Le fabricant de papier doit présenter à l'administration des contributions indirectes la description de son établissement, indiquer la nature, le nombre et la force des moteurs et des machines, la contenance des piles de cylindres, les procédés généraux de la fabrication, la nature des produits fabriqués. Chaque machine, chaque cuve-cylindre reçoit un numéro d'ordre peint à l'huile en caractères apparents. Il est défendu au fabricant de modifier son outil-

des fabriques, et le fait assister ainsi à des opérations et à des procédés dont la divulgation peut être très préjudiciable. De plus, l'obligation de désigner le nom de l'acheteur à chaque livraison met entre les mains de l'employé du Gouvernement des listes de noms et de clientèles dont le fabricant n'a plus dès lors, comme c'est son droit, l'entière et exclusive possession.

La grande industrie de la Papeterie française, si florissante avant l'impôt, est entraînée à une décadence presque inévitable. Comment demander à un fabricant d'immobiliser de nouveaux capitaux, de renouveler son outillage, de monter de nouvelles machines perfectionnées et coûteuses, qui le mettraient en état de rivaliser, pour la qualité des produits, avec la Papeterie étrangère, lorsque l'impôt le désarme vis-à-vis d'elle, et ne lui permet plus de soutenir, à chances égales, sa dangereuse concurrence? Il y a donc urgence pour le législateur, comme pour le Gouvernement, de dégrever au plus tôt cette grande industrie nationale d'une taxe ruineuse qui n'a d'ailleurs été décrétée qu'à titre temporaire, et dont le maintien romprait un engagement formellement contracté. On ne saurait assez insister; plus on tardera à supprimer la taxe, et plus seront invétérées les habitudes de falsification qui, comme nous l'avons dit plus haut, tendent à prédominer dans le papier les matières qui en abaissent la qualité.

Chaque année la Commission du budget a proposé de dégrever le papier : le rapporteur n'a jamais manqué de dire que le papier, encore sacrifié, à cet exercice, *ne serait pas oublié l'année suivante*. Toutes les industries sont dignes d'intérêt; pourtant aucune comme services ne peut être comparée au papier et à l'imprimerie, auxquels nous devons le *Livre;* c'est-à-dire la libre expansion de la pensée, de la science et de la vérité. Tout nous permet d'espérer que le mouvement qui porte à voter généreusement des fonds pour construire des écoles et pour réclamer l'instruction obligatoire, entraînera l'abrogation de cet impôt onéreux et impopulaire qui pèse si lourdement sur l'instruction primaire.

L'impôt sur le papier pèse inégalement sur les contribuables [1] : ce sont les

lage sans en avoir auparavant fait la notification par écrit au bureau de l'administration des contributions indirectes. — Tout changement dans les procédés généraux de fabrication, ou dans le régime de l'établissement pour les jours et heures de travail doit être également précédé d'une nouvelle déclaration.

L'administration peut exiger 1° que les jours et les fenêtres donnant directement sur la voie publique ou sur les propriétés voisines, soient garnis d'un treillis en fer à maille de cinq centimètres au plus ; 2° que la fabrique et ses dépendances n'aient qu'une entrée habituellement ouverte et que les autres soient fermées à deux serrures, dont une clef restera entre les mains des agents des contributions.

1. M. G. Hachette a signalé l'inconvénient de l'impôt, pour les livres de lecture courante, les grammaires, les géographies, etc., à l'usage des écoles primaires, ainsi que les cahiers d'étude. M. Ch. Bécoulet, président de l'Union des fabricants de France a présenté avec les syndics de la

plus pauvres qui supportent cette taxe. En effet, les sortes que l'on consomme le plus sont évidemment les plus communes et les plus usuelles ; pour n'en citer qu'un exemple : les cahiers d'écoliers qui se vendaient cinq centimes autrefois se vendent le double aujourd'hui, mais en plus, constatons qu'on ne peut écrire que sur un côté, l'encre passant au travers de la feuille.

Pour le papier à journal, il faut ajouter à l'impôt de 10 fr. 40 c. une surtaxe de 20 fr. 80 c. pour 100 ; total 31 fr. 20 c. pour 100 kilogrammes. Quelle étrange contradiction avec les principes les plus élémentaires du commerce et de l'industrie.

Le journal est de son essence éphémère : et c'est cette marchandise qui ne peut se conserver en magasin, qui n'a qu'une valeur de quelques heures, qui se trouve grevée si exceptionnellement, et cela dans notre siècle de liberté.

Pourquoi cette surtaxe au journaliste, qui est le consommateur le plus fréquent du papier ? serait-ce que le législateur aurait voulu préventivement punir ce qui peut propager le plus rapidement l'erreur ou la vérité.

Les premiers résultats de la suppression de l'impôt sur le papier seront : 1° de permettre à cette industrie de lutter à chances égales sur tous les marchés contre la concurrence étrangère ; 2° de favoriser la vulgarisation des livres d'enseignement ; 3° d'empêcher les éditeurs d'acheter à l'étranger le papier à meilleur marché qu'en France, et même d'y faire imprimer les ouvrages qu'ils publient. Il en résultera forcément des commandes pour nos usines, et, ce qui nous préoccupe le plus, un encouragement à la fabrication de *papiers durables ;* le travail redeviendra rémunérateur pour les imprimeurs, les brocheurs et les relieurs français, car avec la taxe, des sommes très importantes sont enlevées chaque jour au pays ; cet état de choses aggrave ainsi forcément la crise qui pèse sur cette industrie.

L'abolition de l'impôt, c'est le développement de la presse, c'est le livre et le journal à bon marché, c'est le moyen pratique d'aider à la propagation et à la diffusion des idées ; c'est la défense du travail national. Aussitôt après sa suppression (les ressources budgétaires la permettent), nous verrons renaître les affaires, les usines arrêtées se remettre en mouvement et une impulsion nouvelle donnée à l'imprimerie et à la librairie, ces grands agents de l'instruction publique et universelle.

Presse parisienne, MM. Edmond About, Louis Gal, Philippe Jourde, Ernest Lefebvre, D. Ordinaire, les observations les plus concluantes, répétées au Parlement dans l'intérêt du plus grand nombre par l'honorable député M. Laroche Joubert, observations soumises à l'honorable M. Wilson, et justifiées par des chiffres qui ont aussi leur éloquence, et qui mettent en lumière, l'étendue des sacrifices imposés à l'instruction primaire.

CADRE N° 2. — IMPRESSION DES JOURNAUX.

NUMÉROS DES LIGNES.	EXERCI	EXERCICE 1876.	Quantités livrées à l'impression des journaux. Droit spécial de 20 fr. 80 les 100 kilogr.	MONTANT des DROITS.
			Kilogr.	Francs.
1	Fabrication pour le	Quantités totales......	13,170,674	2,739,500
2	Fabrication pour l avec l'exemptio			
3	l'impôt.........			
4	Importations......			
5	TOTAL des fabr tations......			
6	Exportations faites fabricants ou ma de l'impôt......	À déduire, comme exemptées de l'impôt spécial, les quantités livrées à l'impression des journaux officiels.	502,274	104,472
7	Exportations faites de l'impôt payé fabriques.......			
8	TOTAL des exp(	Quantités sur lesquelles l'impôt a été perçu......	12,668,400	2,635,028
9	Quantités sur lesc constaté : fabrical			
10	1° Quantités expor des droits....			
11	2° Quantités exempt ayant été livré journaux offici(	Produit net de l'impôt sur le papier indiqué au cadre précédent n° 1 ....,	»	10,372,932
12	3° Quantités admis(cause de chôm:			
13	4° Décharges accor· verses........			
14	TOTAL des qu l'impôt par ·	TOTAL du produit net de l'impôt sur les papiers et journaux...........	»	13,007,960
15	DIFFÉRENCES entre . et 14, formant les définitifs des droit: acquis au Trésor.			

PAPIERS ET CARTONS

TABLEAU présentant, pour l'ensemble de la France, des renseignements statistiques sur la Fabrication, l'Importation, l'Exportation et la Consommation intérieure,
pour l'année 1876.

CADRE N° 1. — MOUVEMENT DE L'INDUSTRIE DU PAPIER EN 1876 AU POINT DE VUE DE L'IMPOT ET DE LA CONSOMMATION.

NUMÉROS DES LIGNES.	EXERCICE 1876.	1re CATÉGORIE. Papiers à cigarettes, papiers soie, papiers pelures, parchemins.	2e CATÉGORIE. Papiers à lettres de toute espèce et de tout format.	3e CATÉGORIE. Papiers à écrire, à imprimer, à dessiner, pour musique, papier buvard.	4e CATÉGORIE. Papiers bulle, cartons, papiers-cartons, papiers d'enveloppe et de tenture.	TOTAUX.	OBSERVATIONS.
		Kilos.	Kilos.	Kilos.	Kilos.	Kilos.	
1	Fabrication pour le commerce	1,308,130	385,248	68,463,888	87,695,063	157,852,229	Le nombre des fabriques existant en 1876 est de 589.
2	Fabrication pour l'État, avec l'exemption de l'impôt { Cartes à jouer.	»	»	72,000	»	72,000	Leur outillage ne paraît pas avoir subi de modifications sérieuses depuis 1874.
3	{ Papier timbré.	»	»	310,000	»	310,000	Le montant brut des droits constaté par exercice et par abonnement sur les papiers et cartons s'élève à 11,852,119 fr. pour l'année 1876.
4	Importations	274,782	102,496	3,170,533	1,099,110	4,846,891	Le produit brut de l'impôt dans les exercices précédents était de :
5	TOTAL des fabrications et des importations	1,582,882	487,744	72,016,421	88,794,173	162,881,280	1872. — 8,978,905 fr.
							1873. — 9,068,385
6	Exportations faites directement par les fabricants ou marchands, en franchise de l'impôt	650,034	69,610	6,131,354	2,503,029	9,154,027	1874. — 9,379,607
							1875. — 10,833,812
7	Exportations faites moyennant la remise de l'impôt payé à l'enlèvement des fabriques	836,922	790,337	6,839,114	7,584,144	16,050,517	Si du produit brut de........ 11,852,119 fr. constaté en 1876, on déduit :
8	TOTAL des exportations	1,296,956	859,917	12,970,468	10,087,173	25,204,544	1° Les décharges pour cause d'exportation après payement de l'impôt.......... 1,324,733 fr.
9	Quantités sur lesquelles l'impôt a été constaté : fabrications et importations.	1,448,929	161,606	57,081,026	89,096,827	187,767,388	2° Les décharges pour cause de chômage dans les fabriques....... 100,395 } 1,478,187 fr.
10	1° Quantités exportées après payement des droits	836,922	790,337	6,839,114	7,584,144	16,050,517	3° Les décharges pour emploi à l'impression des journaux officiels....... 52,816
11	2° Quantités exemptées de l'impôt comme ayant été livrées à l'impression des journaux officiels	»	»	502,274	20,778	323,052	4° Les décharges accordées aux fabricants pour causes diverses....... 683
12	3° Quantités admises en décharge pour cause de chômage	573	»	153,339	1,622,275	1,776,187	On a comme produit net du droit spécial de fabrication en 1876.......... 10,372,932 fr.
13	4° Décharges accordées pour causes diverses	»	»	»	13,131	13,131	
14	TOTAL des quantités exemptées de l'impôt par voie de décharges	837,495	790,337	7,494,727	9,240,328	18,362,887	
15	DIFFÉRENCES entre les col. 9 et 14, formant les éléments définitifs des droits qui sont acquis au Trésor { en plus... { en moins..	611,434	» (A) 688,731	56,566,299 »	79,856,009 »	136,403,101	(1) Il s'agit de papiers qui, ayant été imposés en fabrique comme étant de 2e catégorie, ont été exportés après avoir subi des manipulations qui les ont rangés dans la 1re catégorie. Le chiffre de 628,731 kilog. de papier de la 2e catégorie correspond au chiffre de 691,604 kilog. de papier de 3e catégorie. La différence entre les taxes de la 2e et de la 3e catégorie ne représente d'ailleurs que la déduction de 10 p. 100 qui aurait été accordée à la 3e catégorie à titre de déchet de leur façonnage.

CADRE N° 2. — IMPRESSION DES JOURNAUX.

EXERCICE 1876.	Quantités livrées à l'impression des journaux. Droit spécial de 20 fr. 80 les 100 kilogr.	MONTANT des DROITS.
	Kilogr.	Francs.
Quantités totales	13,170,674	2,739,500
A déduire, comme exemptées de l'impôt spécial, les quantités livrées à l'impression des journaux officiels	502,274	104,472
Quantités sur lesquelles l'impôt a été perçu	12,668,400	2,635,028
Produit net de l'impôt sur le papier indiqué au cadre précédent n° 1	»	10,372,932
TOTAL du produit net de l'impôt sur les papiers et journaux	»	13,007,960

Dans ce tableau, nous cherchons vainement quels sont les frais de perception et quelle est la consommation de l'État, ce qui serait intéressant à connaître.

Si ce tableau démontre que l'impôt donne chaque année une certaine augmentation, il ne faudrait pas en conclure que l'industrie de la papeterie est en voie de prospérité; car cette progression du rendement de l'impôt est loin d'être en rapport avec l'extension de la production de nos voisins; il est indéniable que notre exportation est presque nulle anjourd'hui, tandis que les nations étrangères, exemptes de tout impôt ont *doublé* leur production.

L'intérêt du consommateur nous permet de ne pas tenir compte des objections peu sérieuses ou par trop intéressées de quelques éditeurs, qui trouvent dans la mauvaise qualité et le peu de durée du papier l'espoir d'éditions souvent répétées des livres usuels. Nous croyons savoir en effet, qu'à la suite de l'établissement de l'impôt, certains éditeurs auraient augmenté notablement le prix de leurs livres, tout en ne payant pas plus cher leur papier. Il en est résulté que plusieurs fabricants, pour conserver leurs commandes et ne pas fermer leurs usines, ont été amenés progressivement à introduire dans leur fabrication toutes sortes de matières étrangères, et à perdre ainsi peu à peu le respect de leur profession. Par ce qui précède, nous pouvons dire avec tout le public et sans être taxé d'exagération, que les résultats de cet impôt écrasant ont été cause qu'en France seulement, il s'est créé une spécialité de papiers plus que détestable pour les livres et les journaux.

DE LA CONSTITUTION DU PAPIER

Quelles que soient les matières premières, chanvre, lin, coton, etc., qui entrent dans sa composition, il a été admis jusqu'à présent que le papier était formé uniquement par l'entrecroisement et l'enchevêtrement de fibres végétales. Cette définition est selon nous incomplète.

Il semble résulter des travaux des différents auteurs qui ont écrit sur la matière que la résistance du papier, abstraction faite de l'encollage, serait due uniquement à une action physique et mécanique d'adhérence des fibres entre elles.

Mais si aucun phénomène de l'ordre chimique n'intervenait dans la fabrication du papier, on pourrait donc obtenir ce produit avec toute espèce de fibres suffisamment longues et flexibles. Or, on ne peut fabriquer du papier avec de la soie [1], ni avec de la laine, etc., dont les fibres présentent

[1]. Les laines et les soies et autres matières animales soumises à l'action des mêmes agents que les fibres végétales, seraient complètement détruites.

cependant les conditions nécessaires, si on les considère seulement au point de vue physique.

Nos études et nos expériences nous ont amené à reconnaître que la formation du papier n'était pas due seulement à l'entrecroisement des fibres végétales, nous y avons constaté en outre la présence et l'action d'un élément qu'aucun traité n'a encore signalé : c'est-à-dire une matière mucilagineuse [1] analogue à la gomme ou à la dextrine [2], produite par la cellulose en contact avec l'eau. Sous cette action, il se forme une espèce de colle faisant adhérer ensemble toutes les fibres par agglutination ; il est facile de comprendre que les filaments, s'il n'en était pas ainsi, même nattés, ne seraient que superposés, et qu'il y aurait rapidement séparation et dissociation.

Cette matière mucilagineuse qui forme le premier collage [3], la première adhérence entre les fibres, est toute spéciale : il ne faut pas la confondre avec les collages artificiels appliqués ensuite aux papiers, suivant les usages auxquels ils sont destinés.

Donc en dehors du croisement des fibres, le papier doit sa cohésion, sa résistance à un collage naturel dû à la production pendant le travail d'une colle, d'un mucilage, formés aux dépens de la fibre par suite d'actions chimiques [4]. Par ce qui précède, nous pensons que la définition du papier, de cette matière qui sert à écrire et à imprimer, de ce produit fabriqué instantanément de toutes pièces, doit être ainsi formulé ;

Le papier est un feutre spécial, hygrométrique, dont la contexture est

---

1. La proportion de ces matières mucilagineuses, qui varie selon la nature des textiles, est toujours plus élevée quand on emploie des matières neuves. Dans ce cas, il arrive souvent que la pâte se trouve être trop grasse, qu'elle s'agglomère en fils longs formant dans le papier des empâtements ou des taches; aussi les ouvriers appellent-ils *mattons* ces fils et ces torsades qui n'en finissent pas et qui forment en quelque sorte des espèces de grumeaux.

Cet excès de glucose s'enlève par des lavages à l'eau chaude; la pâte devient alors plus légère, plus spongieuses plus *seurge* (mot technique indiquant l'état que doit avoir la pâte pour fabriquer le bon papier). Le chiffon de coton donne une pâte maigre comparativement au chiffon de chanvre ou de lin. La pâte battue lentement produit un papier supérieur et plus résistant.

2. La dextrine est blanche, insipide et sans odeur; elle provient de l'action des acides sur l'amidon. Elle aide à la fabrication des feutres par ses qualités hygrométriques. La fécule et le ligneux se transforment également en glucose sous l'action des acides étendus.

3. Le collage naturel dû aux matières mucilagineuses suffit à la fabrication des papiers à filtrer, buvards, à cigarettes, etc.; il n'en est pas de même pour les papiers à écrire, et qui ne peuvent être complétés qu'à l'aide de l'encollage artificiel sans lequel ils seraient spongieux, et manqueraient de force, de sonorité et de beauté.

4. Nous avons fait analyser de l'eau s'écoulant des tables de fabrication : en dehors des matières légères tenues en suspension, cette eau contient en dissolution une proportion sensible de dextrine et de glucose.

La pâte à papier de chiffon, qui vient d'être triturée, semble une matière inerte; pourtant la moindre pression agglomère les fibres, et cette pâte séchée à l'air s'agglutine et se durcit en perdant avec le temps une partie de sa porosité.

produite par des fibres végétales réduites en pâte, entrecroisées par l'action mécanique du feutrage et dont la cohésion résulte de la présence d'un mucilage naturel [1] formé aux dépens de la fibre elle-même. Cette feuille mince, légère et relativement si solide, sert à recevoir, à conserver l'écriture, le dessin et les caractères imprimés.

Si nous admettons que le papier est un feutre spécial particulièrement mince produit par l'entrecoisement de fibres végétales, nous précisons la différence qui caractérise cette fabrication d'avec les tissus et les étoffes; car le papier existe sans chaîne ni trame. Sa fabrication est toute particulière, les fitres destinées à faire le papier sont soigneusement lavées, dilacérées, réduites en pâte fibrillaire, formant une espèce de bouillie et, dans cet état, étendues, moulées mécaniquement ou par le travail de la main.

Le *feutrage* ou action de cohésion entre toutes les particules, ou plutôt entre toutes les fibres et les fibrilles entrecroisées, est déterminé par le mouvement de va-et-vient de la toile métallique, et il s'opère au fur et à mesure de la *soustraction de l'eau.*

Les phénomènes dérivant de l'épaississement de la pâte, de sa contractation, et, pour ainsi dire, de sa coagulation sont appréciables à l'œil nu, et permettent de constater un retrait en épaisseur et en surface. Ce resserrement, cette cohésion, cette espèce de force d'attraction ne s'arrêtent qu'à la complète dessiccation du papier [2]. Les fibres végétales, filamenteuses, sont de la cellulose presque pure.

LA CELLULOSE

La cellulose, au début de sa formation, affecte la forme de cellules; les fibres textiles du chanvre, du lin, du coton, sont de la cellulose pres-

---

1. Nous avons fait analyser de l'eau s'écoulant des tables de fabrication : en dehors des matières légères teunes en suspension, cette cau tenait en dissolution une proportion sensible de dextrine ou de glucose.

Ce mucilage naturel est sécrété par la macération simple, et, sous l'action de l'eau chaude, il devient plus abondant. Aussi le papier ou le carton dont la pâte a été triturée à l'eau froide ont-ils peu de cohésion. Si le collage naturel, dû aux matières mucilagineuses, suffit à la fabrication des papiers à filtrer, buvard, à cigarettes, etc., il n'en est pas de même pour les papiers à écrire, qui ne peuvent être complétés qu'à l'aide d'un encollage artificiel, sans lequel ils seraient spongieux, manqueraient de force, de sonorité et de beauté.

2. Pour bien préciser cette rétraction, cette condensation qui est cause que la feuille séchée occupe un espace moindre que celle mouillée, j'indiquerai un exemple contraire où cette action est arrêtée.

En Suède, on fabrique, surtout en hiver, le papier à filtrer. Voici pourquoi. Ces papiers étant exposés au froid, il en résulte que l'eau, au lieu d'être soustraite par pression ou absorption, se congèle et forme une multitude de petits glaçons qui empêchent le papier de se resserrer : l'attraction convergente est arrêtée; de là, les vides, les interstices et la *porosité.*

que pure; on les emploie, de préférence, aux plantes herbacées dont la consistance est trop tendre et trop molle, ces végétaux n'ayant pas les parties ligneuses nécessaires.

La matière organique, la véritable matière première, doit être amenée à l'état du cellulose fibreuse et persistante, sous la forme de filaments plus ou moins longs, mais autant que possible souples, élastiques, afin de se feutrer aisement et remplir les conditions essentielles de la fibre papetière.

La fibre papetière matière organique, pour pouvoir se feutrer et s'entre-croiser, doit conserver sa souplesse, même après avoir subi l'action des agents chimiques et mécaniques : agents chimiques (soude, chlore, etc.) qui ont servi à enlever les matières étrangères, grasses, colorantes ou celles dites incrustantes; agents mécaniques produisant, non pas un broyage, mais une *dilacération*, attendu que la forme filamenteuse subsiste, malgré l'opération nommée a tort le broyage, car la fibre végétale ne peut être comparée à une poudre que l'on peut rendre plus ou moins impalpable.

La longueur des fibres assemblées joue un rôle considérable : en effet, les tronçons courts ont moins de force comme résistance ou élasticité; la preuve en est dans les papiers chinois et japonais dont on peut aisément apprécier les fibres à l'œil nu; ces papiers ressemblent à de véritables étoffes, tant ils sont difficiles à déchirer, et pourtant le papier n'est ni une étoffe ni un tissu.

Pour la fabrication des papiers de premier choix, on emploie les beaux chiffons ou certaines matières végétales. Les fabricants de papier, par différentes raisons, dont la principale est l'abaissement des prix, ont été amenés successivement à ajouter aux fibres textiles qui composaient leurs pâtes, diverses matières étrangères que l'on est convenu d'appeler *charges*.

Autrefois il était admis, et cela est encore nécessaire, surtout lorsqu'on se sert de matières neuves, chanvre, lin, etc..., d'ajouter une petite quantité de kaolin, de talc, ou de sulfate de baryte, etc. Cet usage, si le fabricant n'en abuse pas, a sa raison d'être, puisqu'il donne l'opacité au papier. Avec les matières neuves seules, le fabricant ne peut produire que des papiers translucides.

Les matières destinées au papier, soit pour le rendre plus lisse, plus opaque, ou pour le colorer, ne s'ajoutent, en général, qu'au moment du collage.

Si les fibres végétales, en s'entrecroisant, forment cette espèce de feutre qui constitue la feuille de papier, on admet difficilement que le bois moulu mécaniquement, divisé, formant une sorte de poudre, puisse se

feutrer et ajouter une qualité, une force quelconque au papier. Cette adjonction n'est donc, en réalité, qu'une charge [1], une augmentation de de poids, et non une véritable pâte à papier.

La pénurie du chiffon, la cherté relative des succédancés, sparte, paille, etc.., ont pour ainsi dire nécessité ces adjonctions, notamment pour les papiers à journaux et à impressions diverses qui exigent quotidiennement des quantités considérables à des prix réduits ; mais de là à l'abus, il n'y a qu'un pas, car différentes analyses nous ont amené à constater que, dans certains papiers à journaux, il y avait vingt-cinq et jusqu'à cinquante pour cent de matières étrangères, soit minérales ou de pâte de poudre de bois.

ÉTUDES SUR LES FIBRES VÉGÉTALES SERVANT A LA FABRICATION DU PAPIER

Ces études sont nécessaires non seulement pour satisfaire la curiosité de l'observateur, mais pour se rendre utilement compte des infiniment petits qui composent les matières servant à la fabrication du papier.

Elles permettent de présenter, sous leur véritable aspect, les diverses transformations et les différents phénomènes qui concourent, après bien des manipulations de tous les corps employés, à la création du papier.

Les fibres filamenteuses végétales sont partie intégrante des plantes ; les plantes elles-mêmes se subdivisent en parties diverses jusqu'au point où la science s'arrête, ne trouvant plus aucune division. Ce sont des parties que les naturalistes appellent cellules clostres ou utricules.

L'étude complète des fibres végétales utilisées pour cette fabrication seraient peut être plus considérable que celle des fibres employées à la fabrication des tissus.

Les cellules, base des végétaux, en sont les organes élémentaires; les tissus cellulaires sont formés par la réunion ou l'agglomération des cellules. Ce sont généralement des sphéroïdes d'une enveloppe continue, dont la cavité est occupé par un liquide finement granuleux, verdâtre dans son ensemble, et communiquant sa couleur au globule entier. Nous rencontrons, comme forme, souvent des tubes, de véritables cylin-

1. L'analyse chimique, le microscope avec un très fort grossissement, permettent de se rendre compte de la *charge*, mot conventionnel adopté pour indiquer l'adjonction de poudres minérales et autres, étrangères aux textiles. L'emploi du microscope a, de plus que l'analyse, l'avantage de faire reconnaître la structure différente des diverses fibres végétales. Les fibres pures des végétaux sont formées par le carbone, l'hydrogène et l'oxygène dans des proportions presque constantes ($C^{12}H^{18}O^{12}$).

dres, tantôt lisses, tantôt marquées de points à leur surface et quelquefois étirés aux deux extrémités ; il y en a qui présentent à leur intérieur une spirale élastique que l'on nomme trachées.

Les cellules prennent un développement qu'altère plus ou moins leur forme première. Les unes, tout en ayant une forme ovoïde, se prolongent par un tube grêle qui se ramifie à la façon d'une petite racine ; d'autres s'accroissent en un long tube simple ou rameux, d'autres encore ressemblent à des petits arbres avec branches diversement disposées ; d'autres, après leur grossissement, semblent se dédoubler instantanément. Les cellules sont en général hexagonales comme dans la moelle de sureau, qui présente le ligneux dans un grand état de division. Les cellules, agglomérations de parties globuleuses sont juxtaposées les unes contre les autres et indépendantes.

Les vides faisant le tour de ces cellules agrégées en tissu ont reçu le nom de *méats* intercellulaires.

Les tissus cellulaires sont rangés sous deux catégories : 1° le tissu cellulaire à cellules courtes ; 2° le tissu cellulaire à cellules allongées. Les cellules superposées en files longitudinales conservent cette disposition et finissent ainsi par former des cylindres plus ou moins élancés ; elles constituent les faisceaux tissulaires, la partie essentielle de la charpente des végétaux.

Les cellules fusiformes ou *fibres*, forment la partie résistante du bois ; on les distingue des fibres corticales par la dénomination de *fibres ligneuses*.

Ainsi la plante serait composée d'un nombre plus ou moins grand d'éléments distincts, de formes variées, réunis par une substance agglutinante.

Les cellules, les fibres et les vaisseaux constituant l'organisme végétal, ont leurs parois formées par plusieurs substances que la science a su séparer au moyen de réactifs.

La matière qui, pure ou modifiée pendant la végétation, forme essentiellement les parties solides des plantes, a été nommée *cellulose* par M. Payen, qui en a fait l'objet d'études suivies. La composition de la cellulose est presque identique avec celle de l'amidon, de la dextrine et de la fécule.

Suivant M. Payen, la cellulose pure est blanche, diaphane, spongieuse, insoluble dans l'eau, dans l'alcool, dans l'éther et dans les huiles fixes et volatiles. — Les solutions alcalines faibles et les acides minéraux étendus sont sans action sur cette substance lorsqu'elle est fortement agrégée. — Les opérations du blanchiment sont fondées sur ces propriétés.

Le chlore et ses dérivés, l'hypochlorite de chaux, etc., étendus à froid, ont peu d'action sur la cellulose, mais sous l'influence d'une haute température, ils déterminent une véritable combustion. La cellulose pure dégage de l'acide carbonique, se désagrège, brûle et disparaît; on ne saurait donc être trop prudent pour tout ce qui est relatif au blanchiment du papier : après chaque opération il est indispensable de faire un lavage complet.

Les acides sulfurique et hydrochlorique concentrés attaquent la cellulose et la transforment en matière amylacée, en dextrine, en glucose.

L'acide acétique a très peu d'action sur elle ; l'acide azotique forme avec la cellulose un produit insoluble dans l'eau.

L'acide oxalique exerce une action destructive sur les fibres végétales. — La solution d'oxyde de cuivre ammoniacal est le seul réactif connu jusqu'ici qui puisse dissoudre la cellulose après l'avoir gonflée.

L'étude des fibres végétales a déjà préoccupé plus d'un observateur, et les travaux accomplis dans cette direction par M. Alcan et par M. Vétillart sont aujourd'hui classiques ; M. Aimé Girard, l'éminent professeur de chimie industrielle au Conservatoire des arts et métiers, a fait une étude détaillée des matières végétales que le fabricant de papier emploie dans la composition de ses pâtes; il y détermine les conditions que doit remplir une fibre papetière. En attendant la publication de ce travail, si utile pour les fabricants de papier, M. Aimé Girard a présenté, le 15 mars 1875, à l'Académie des sciences, un résumé succinct que nous reproduisons ci-dessous textuellement et dont les résultats ont été, sous le microscope même, reproduits par la photographie.

« 1° On se préoccupe beaucoup, en général, de la longueur des fibres destinées à la fabrication du papier; cette préoccupation n'a pas de raison d'être. La pâte finie, en effet, raffinée, est formée de tronçons mesurant tantôt de $\frac{3}{10}$ à $\frac{5}{10}$ de millimètres : c'est le raffiné court ; tantôt de 1 millimètre à $1^{mm},5$: c'est le raffiné long. Rarement cette longueur est dépassée. Or il n'est aucune fibre végétale dont la longueur ne soit au moins égale à celle que je viens d'indiquer, toutes les fibres végétales sont donc assez longues pour fournir du papier.

» 2° Mais une considération extrêmement importante, c'est que la fibre soit mince, allongée ; que le rapport de sa longueur à son diamètre, en un mot, soit considérable. Ce rapport dans la fibre recoupée et roulée à la raffineuse, doit être de 50 au minimum.

» 3° La fibre doit, en outre, être élastique, et enfin elle doit pouvoir se contourner sur elle-même avec facilité ; c'est à ce prix seulement que le feutrage donne à la feuille de la solidité.

» 4° Par contre, la ténacité de la fibre dont on se préoccupe souvent n'a qu'une importance secondaire. Lorsqu'une feuille de papier se déchire, en effet, les fibres ne se rompent presque jamais ; elles échappent entières en glissant entre leurs voisines. »

Ces principes posés, j'ai rangé provisoirement, et en attendant des

ÉTUDES MICROGRAPHIQUES

alcalines par des cendres de bois, etc., sont presque entièrement débarrassés des matières dites incrustantes. Les fibres ont perdu par l'usure une partie de leurs nodosités, le travail des piles les ont subdivisés à l'infini, ce qui donne à l'enchevêtrement une solidité toute spéciale, puis par la fermentation, ils donnent presque sans frais la cellulose à peu près pure.

Fibres de chanvre.
(Nᵒˢ 1 et 2 du tableau).

Nᵒ 1. Les fibres du chanvre au microscope, grossies cinquante fois, ont au premier aspect la forme tubuleuse de cylindres rigides presque droits ; ces filaments ont plus de brindilles, de nodosités apparentes que les fibres du lin ; elles présentent aussi de loin en loin de petites excroissances de forme tubuleuse ; les extrémités sont fortement ramifiées, leur cavité intérieure est plus large que celle des fibres du lin. Sur la surface de la fibre on aperçoit des cannelures longitudinales. Quoique son diamètre soit beaucoup plus fort que celui du lin, la fibre de chanvre s'entrelace facilement, les feuilles ébouriffées qui s'échappent de ses extrémités en sont la principale cause.

Nᵒ 2. Grossies quatre cents fois, on voit sur les fibres du chanvre, non seulement des excroissances et autres végétations irrégulières, mais encore des cassures transversales ; on commence, à l'aide de ce grossissement, à percevoir les cellules qui forment à l'intérieur comme des petites îles. Ces fibres ont une certaine transparence que n'ont pas celles du coton.

Les tiges obtenues du chanvre mâle sont plus fines, plus douces, plus soyeuses ; celles produites par le chanvre femelle sont plus fortes.

Le rouissage ou macération du chanvre dans l'eau facilite la séparation de l'écorce filamenteuse de la tige ligneuse, et dissout en partie le principe gommo-résineux qui colle ensemble les fibres.

Les fibres du chanvre trempées dans l'huile deviennent translucides ; elles résistent beaucoup plus que le coton à l'acide sulfurique et se colorent dans l'acide azotique. Le ligneux du chanvre a de l'affinité pour les matières ferrugineuses.

Les filaments du chanvre neuf sont employés de préférence, à cause de leur ténacité, pour la fabrication des actions, obligations et surtout des billets de banque et autres papiers-monnaie.

Le papier fabriqué avec le chanvre non seulement est plus tenace, plus fort, mais encore notablement plus frais au toucher que le papier obtenu avec le lin et surtout avec le coton.

COTON

Le coton, plante dans la famille des Malvacées, tribu des Hibiscées, est un duvet floconneux, long, fin, soyeux, qui est renfermé dans les graines du cotonnier. Le coton affecte des apparences de couleur différente. Première couleur, très beau blanc, ce qui provient de sa grande division ; deuxième couleur, nankin qui a une fixité assez grande; il existe entre ces deux couleurs une variété de teintes.

Les anciens connaissaient le coton; Pline en parle, et les Chinois s'en servent depuis un temps immémorial pour confectionner leurs étoffes et leurs papiers.

Fibres du coton.
(Nᵒˢ 3 et 4 du tableau).

Nᵒ 3. Les fibres du coton, au microscope, grossies cinquante fois, se contournent, se présentent comme des filaments plats, lamelliformes, se tordant sur eux-mêmes et comme rubannés. Ces fibres sont très douces au toucher, très fines et élastiques; elles se séparent par déchirement dans le sens de la longueur.

Nᵒ 4. Grossie quatre cents fois, le filament, plat comme un ruban est richement veiné, et bordé par d'autres fibres plus solides, formant deux lisières entre lesquelles les cellules apparaissent comme une espèce de cailloutis.

Le coton le plus fin, le plus long, le plus élastique est réputé le meilleur coton. Comme matière, le coton a plus d'unité de composition que le lin et le chanvre.

Le papier fabriqué avec du coton est relativement plus doux, plus chaud au toucher qu'aucun autre ; il est doué d'une élasticité et d'une faculté d'extension extraordinaires.

Les fibres de coton se dissolvent dans l'acide sulfurique.

En examinant au microscope les papiers fabriqués en Chine ou au Japon, on reconnaît les fibres du coton qui se distinguent facilement par leur forme spéciale, plate et rubanée ; on comprend aisément leur utilité et leur rôle, car elles s'enchevêtrent beaucoup mieux que toutes les autres et servent de lien, de ligature, aux fibres plus rigides, plus fortes, telles que celles extraites du tungstaou, du bambou, du chanvre ou du lin. On ne saurait trop conseiller l'emploi, dans les pâtes à papier, de la fibre de coton ; mais dans une proportion relativement faible, comparativement aux autres

fibres, son action comme lien, comme douceur étant des plus utiles dans le mélange et la solidité du tout.

LIN

Le lin, *linum*, plante de la famille des Linacées. L'espèce la plus importante est le lin cultivé, dit le lin usuel, *linum usitatissimum*; la toile de lin usée est facilement convertie en papier.

Fibres de lin.
(Nᵒˢ 5 et 6 du tableau).

Nᵒ 5. Le fibres du lin, grossies cinquante fois au microscope, sont longues, rondes et nervurées, mais plus minces que celles du chanvre et jamais aplaties. La cavité intérieure est allongée et perceptible dans le sens de l'axe longitudinal.

Quoiqu'elles aient, par leur structure cylindrique, une grande analogie avec celles du chanvre, elles sont néanmoins plus flexibles, plus fines, plus tendres et plus lisses, avec moins de nodosités. Elles se plissent dans leurs courbures d'une façon toute spéciale, et leur extrémité se termine en pointe fusiforme.

Les fibres de lin trempées dans l'eau se contournent moins que les fibres du chanvre.

Nᵒ 6. Le grossissement a quatre cents fois des fibres de lin permet de voir (comme dans la planche VI) la nature spéciale du plissement de ces fibres par opposition à celles du chanvre, qui ne peuvent se plier sans cassures.

Mais pour rendre plus perceptibles les cellules, il faudrait encore un grossissement supérieur. Vues en coupes transversales les cellules intérieures du lin ont une conformation et un aspect différent de celles du chanvre.

Le principe gommo-résineux qui colle ensemble les fibres de la filasse, du lin étant insuffisamment dissous par le rouillage, il est d'usage d'employer les lessives chlorurées. Le papier obtenu avec les fibres du lin est très résistant, plus fort que le papier de coton, mais il n'égale pas en solidité les papiers fabriqués avec le chanvre.

Le lin résiste moins que le chanvre à l'action de l'acide sulfurique.

ALFA OU SPARTE

Le sparte, famille des Graminées, tribu des Phalaridées, est une plante jonciforme; l'espèce principale est le sparte tenace, *stipa tenacissima*, connu sous les noms d'alfa et d'auffe.

Le monopole presque absolu du sparte et de sa transformation en pâte à papier appartient à l'Angleterre, qui consomme entièrement le sparte provenant de l'Espagne et une grande partie de l'alfa venant de l'Algérie. Pourtant, depuis quelques années, plusieurs sociétés se sont organisées et nos manufacturiers font de louables efforts pour faire cesser cet état de choses si nuisible à notre industrie papetière. En effet, d'après plusieurs auteurs et des spécialistes fabricants de papier, l'alfa (1) serait, de tous les succédanés, celui qui donnerait les meilleurs résultats. La fibre en est longue, souple, plus fine que celle du lin, régulière, d'un feutrage facile et le papier qu'il produit n'a rien de la sécheresse ni de la sonorité criarde du papier que fournit la paille.

N° 7. — Les fibres d'alfa grossies 50 fois au microscope, sont droites, parallèles comme des tuyaux d'orgue, et faciles à séparer les unes des autres.

N° 8. — Grossies 400 fois, on se rend un compte exact de la régularité et du parallélisme de ses fibres, et, en pénétrant en quelque sorte dans leur structure intime, on perçoit un léger duvet qui les enveloppe.

On est arrivé aujourd'hui par des études et des progrès successifs en France et surtout en Angleterre, à produire un sparte préparé, dit *paper stock* équivalent aux chiffons de toile et de coton écrémé mais le prix en est relativement élevé.

PAILLE

La paille, *palea*, tige du blé, du seigle, de l'orge, etc., est actuellement d'une grande importance pour la fabrication du papier. L'emploi de la paille pour les papiers de toutes sortes, pliages blancs, journaux et cartons a augmenté ces dernières années dans des proportions si exceptionnelles que le prix de la paille s'est élevé constamment.

Le prix des chiffons de belle qualité, l'impossibilité de s'en procurer en quantité suffisante et constante, ont forcé les fabricants à employer d'autres matières fibreuses et à trouver des succédanés économiques; aussi les

---

1. M. Aimé Girard a écrit les lignes suivantes sur l'importance de l'alfa :

« Nous ne pouvons nous empêcher de regretter que la fabrication de semblables produits ne se développe pas dans notre pays plus largement qu'elle ne l'a fait jusqu'ici ; une matière première telle que l'alfa, dont la végétation active couvre en Algérie de si vastes territoires, dont le traitement est lié si intimement à la fabrication de la soude et des chlorures décolorants ne semble-t-elle pas destinée à venir se transformer en France, sur les bords de la Méditerranée, à proximité des puissantes fabriques de produits chimiques de Marseille et du groupe si intelligent de nos papetiers de l'Isère et de l'Ardèche. »

(Extrait du *Rapport sur l'Exposition de Londres*, 1872.)

Aujourd'hui beaucoup de fabricants français (MM. Outhenin-Chalandre, Dambricourt, Breton, Orioli, etc., etc., font entrer la pâte de sparte dans leurs compositions.

pailles des céréales pouvant être rassemblées en grandes quantités, il en est résulté une industrie relativement récente, celle de la fabrication des pâtes à papier, que de grandes usines vendent à certaines papeteries comme matière première.

Le blanchiment et le traitement de la paille ont fait de très grands progrès, et ne sont plus, comme il y a peu d'années, une cause réelle d'infection pour les habitations voisines. En France, on emploie principalement la paille de seigle ; en Angleterre, on se sert davantage de la paille de froment.

Pâte de paille.

(N°s 9 et 10 du tableau).

N° 9. — Grossies 50 fois au microscope, les fibres de la paille apparaissent sous une forme allongée, cylindrique, lisses et quelquefois légèrement ondulées ; suivant leurs espèces, elles sont plus ou moins souples, tendres et disposées à un facile entrecroisement. Elles se tortillent sur elles-mêmes et se terminent par une espèce de chevelu analogue à celui des racines finissant en points aiguës.

N° 10. — Grossies 400 fois, elles sont vitreuses et sensiblement plus vides que celles du chanvre et du lin, ce qui pourrait peut-être expliquer leur sonorité.

Avec un grossissement supérieur on peut percevoir une série de noyaux contenus dans l'enveloppe circulaire.

La fibre de paille seule produit un papier brillant, sonore, raide, et non dépourvue de solidité mais elle est presque toujours mélangée avec des pâtes mécaniques de bois et d'autres matières minérales.

PATE MÉCANIQUE DE BOIS ET PATE CHIMIQUE DE BOIS

L'idée bien ancienne d'utiliser la partie fibreuse du bois est passée de la théorie à la pratique, et les divers produits qui en résultent comptent parmi les éléments les plus importants de l'industrie papetière.

M. Payen, dans ses beaux travaux sur la constitution du bois, a démontré que le tissu végétal, formé primitivement de cellules allongées, souples, fibreuses constituées par la cellulose pure, se modifiait peu à peu en vieillissant, par l'incrustation dans ces fibres de matières nouvelles, variées, désignées sous le nom générique de matières incrustantes.

Pâte de bois, bois chimique, cellulose de bois.

(N°s 11 et 12 du tableau).

N° 11. — Les fibres de bois grossies 50 fois laissent voir combien leur entrecroisement est différent comme le lin ou le chanvre de celui des textiles ; les fibres soyeuses sont brillantes et assez régulières. La déchirure donne une ligne presque droite ; elles forment un assemblage de matière pleine et plus coagulée, mais inerte et sans ressort ; la cellulose apparaît sous la forme d'un large ruban à bords affaissés et tordus ; certaines espèces conservent en petit leur structure.

N° 12. — Grossies 400 fois, le tube est plus large, plus irrégulier que dans les fibres des plantes ligneuses, la forme est un peu aplatie, il se contourne comme le coton, mais il est plus cassant et a beaucoup moins d'élasticité.

Pâte de bois moulu.

La pâte mécanique de bois divisée, moulue mécaniquement, est un produit d'une souplesse plus que limitée, c'est une espèce de poudre formée de fragments irréguliers ne possédant pas suffisamment les propriétés feutrantes.

Pourtant, par suite de perfectionnements successifs, par une dissociation chimique et mécanique, on est parvenu depuis peu à des améliorations qui permettent de les employer comme nouvelles pâtes à papier.

La facilité avec laquelle la pulpe de bois se décolore et se transforme en fibre soyeuse, brillante, régulière, a permis de compter sur ce produit comme un appoint considérable.

La fabrication des pâtes de bois occupe, en Belgique surtout, des usines importantes. Nous avons également remarqué les pâtes de bois mécanique exposées par les fabricants suédois, pâtes d'une grande finesse et d'une blancheur remarquable.

Avant de continuer cette question des succédanés qui est à l'ordre du jour, nous signalerons un volume fort intéressant imprimé en 1786 sur papier d'écorce de tilleul. La dédicace[1] que nous publions ci-dessous, démontre que, de tout temps, cette question a préoccupé les esprits.

1. Œuvres du marquis de Villette. — « A M. le marquis Ducrest, etc.

« Monsieur,

» Si mes efforts, plus que mes succès dans l'art de la papeterie, ont pu me mériter un accueil de votre part, si mes longs travaux et mes expériences réitérées peuvent me permettre d'aspirer à la protection de l'auguste prince dont vous êtes l'organe, c'est à l'impartialité éclairée qui caractérise tous vos jugements que je le dois.

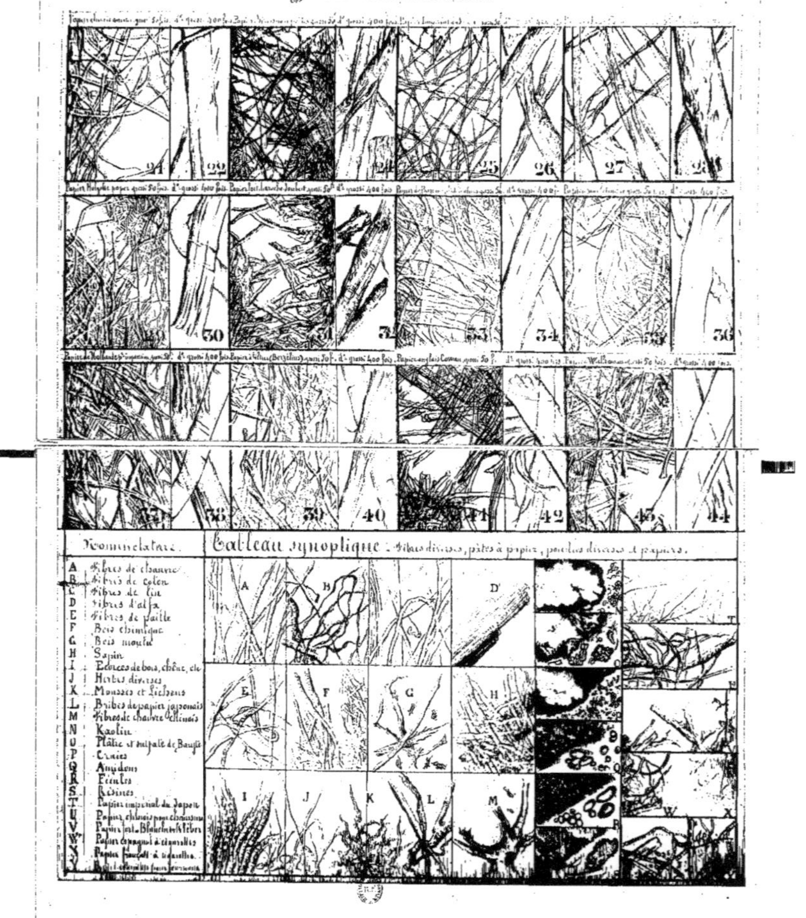
Nomenclature.
Tableau synoptique — Fibres diverses, pâtes à papier, pour les diverses sortes de papiers.
A. Fibres de chanvre
B. Fibres de coton
C. Fibres de lin
D. Fibres d'alfa
E. Fibres de paille
F. Bois chimique
G. Bois moulu
H. Sapin
I. Écorces de bois, chêne, etc
J. Herbes diverses
K. Mousses et Lichens
L. Bribes de papier japonais
M. Fibres de chanvre Chinois
N. Kaolin
O. Plâtre et sulfate de Baryte
P. Craies
Q. Amidons
R. Fécules
S. Résines
T. Papier impérial du Japon
U. Papier chinois pour chaussures
V. Papier fort - Blanchet de filtre
W. Papier espagnol à aquarelles
X. Papier français à aquarelle

Ainsi en 1787, M. Léorrer Delisle avait réussi à fabriquer des papiers avec différentes plantes dont nous donnons ci-dessous la nomenclature.

Papier d'écorce de tilleul. — Aspect agréable, solidité et souplesse satisfaisantes.

Papier d'ortie. — Qualité relativement inférieure.

Papier de houblon. — Filaments tubuleux, mous et cotonneux.

Papier de mousse. — Fibrilles désagrégées, pâteuses avec des vides de forme ellipsoïde,

Papier de roseaux. — Supérieur au papier de mousse.

Papier de conferva. — Fibres courtes, intervalles remplies par une poudre analogue au bois râpé.

Papier de racine de chiendent. — Aspect fibreux, semblable au sarment de la vigne.

Papier de bois de coudrier. Fibres tubuleuses en faisceaux, avec stries.

Papier d'écorce de chêne. — Examiné au miscroscopes, les filaments sont traversés par des fibres longitudinales, dans les intervales desquelles sont bout à bout des plaques de bois membraneuses; avec un grossissement considérable, on a sous les yeux l'aspect de l'écorce du chêne. La nature, en petit ou en grand, semble être exactement la même, c'est une question de multiplication.

Papier d'écorce de peupliers.

Papier d'écorce d'osier.

Papier d'écorce d'orme.

Papier d'ecorce de saule.

Feuilles de bardanne et de pas-d'âne.

Feuilles de chardon.

A l'exposition de 1878, 92 années après les essais de Léorrer Delisle, nous voyons plusieurs usines, fabriquer en grand de pâtes à papier, ma-

---

» J'ai soumis à la fabrication du papier toutes les plantes, les écorces et les végétaux les plu 9 communs. Les échantillons qui sont à la fin de ce volume ne sont que des extraits de mes expériences.

» J'ai voulu prouver qu'on pouvait substituer aux matières ordinaires du papier, qui deviennent chaque jour plus rares, d'autres matières les plus inutiles. Vous avez été le premier, Monsieur, à sentir l'avantage d'une pareille découverte ; j'ose vous supplier de me permettre de consigner ici l'hommage public de ma reconnaissance.

» Je suis, avec un très profond respect, Monsieur, votre très humble et très obéissant serviteur.

» Léorrer DELISLE. »

tières végétales, espèces de paille ou espèces de bois. Nous croyons utile pour l'avenir, et comme point de comparaison, de citer textuellement, et en son entier, les produits de l'usine de Naeyer et Cie (Belgique).

MATIÈRES PREMIÈRES VÉGÉTALES

Pâtes et papiers fabriqués avec ces matières.

ESPÈCES DE PAILLES

	Rendement P. 100.
1. Cameline (*Camelina sativa*), entrecroisement filamenteux, tubuleux ; feutrage régulier	29,16
2. Agrostide, herbe au vent (*Agrostis spica venti*), feutrage régulier, pâte sèche	45,82
3. Sarrasin (*Fagopyrum esculentum*), feutrage régulier, tubes flexibles	30,60
4. Scirpe des marais (*Scirpus palustris*), pâte plus cassante	41,70
5. Bananier (*Musa Ensete*), fibres tubuleuses plus souples	31,81
6. Mateva (*Hyphœne thebaica*), fibres tubuleux assez longues	26,08
7. Avoine (*Avena sativa*), filaments tubuleuses, secs	35,08
8. Lin de la Nouvelle-Zélande (*Phormium tenax*), filaments longs, souples, réguliers	32,71
9. Tiges d'asperges (*Asparagus officinalis*), filaments longs, fins, accolés	32,56
10. Paturin aquatique (*Glyceria aquatica*), fibres tubuleuses, entrecroisement assez régulier	38,80
11. Maïs (*Zea maïs*), fibres bien entrecroisées	40,24
12. Roseau (*Phragmites vulgaris*), fibres tubuleuses se collant bien	41,57
13. Canna (*Canna*), pâte assez sèche	20,29
14. Seigle (*Secale cereale*), filaments tubuleux, pâte sèche, coagulée par l'encollage.	44,12
15. Grande Ortie (*Urtica dioica*), filaments longs bien entrecroisés.	21,66
16. Canne à sucre (*Saccharum officinarum*), filaments bien entrecroisés, résistance	29,15
17. Orge (*Hordeum vulgare*), filaments tubuleux avec cassures	36,21
18. Carex (*Laiche*), filaments courbes, bon feutrage	33,86
19. Froment (*Triticum sativum*)	43,14
20. Fromenteau (*Baldengera arundinacia*), filaments tubuleux, bon entrecroisement	46,17
21. Cauche bleue jonché (sparte de bruyère, *Enodium cœruleum*), filaments droits, bon feutrage	40,07
22. Tige de houblon (*Humulus lupulus*), filaments spéciaux comme longueur, cotonneux, bon feutrage	34,84
23. Alpiste des Canaries (*Phalaris Canariensis*), filaments tubuleux irréguliers	44,16
24. Genêt sauvage (*Psamma arenaria*), filaments irréguliers, bon feutrage	32,43
25. Chiendent (*Triticum repens*), fibres longues bien entrecroisées.	28,38

ESPÈCES DE BOIS

	Racciement P. 100.
26. Bruyère (*Calluna vulgaris*)	27,14
27. Noisetier (*Corglus avellana*)	31,50
28. Aulne (*Alnus glutinosa*)	34,30
29. Bambou (*Bambusa Thouarsu*)	34,82
30. Sapin blanc (*Abies pectinata*)	34,60
31. Marronnier (*Æsculus hippocastanum*)	38,26
32. Chêne (*Quercus robur*)	29,16
33. Peuplier blanc (*Populus alba*)	35,81
34. Sapin rouge (*Pinus sylvestris rubra*)	32,28
35. Orme (*Ulmus campestris*)	31,81
36. Frêne (*Fraximus excelsior*)	32,28
37. Bourdaine (*Rhamnus frangula*)	37,82
38. Sapin de Campine (*Pinus sylvestus*)	35,17
39. Osier (*Salix alba*)	29,50
40. Peuplier du Canada (*Populus Canadensis*)	36,88
41. Hêtre (*Fagus sylvatica*)	30,80
42. Sapin Pitch, Pine (*Pinus australis*) (?)	31,08
43. Noyer (*Juglans regia*)	26,52
44. Saule (*Salix alba*)'	37,82
45. Bouleau (*Betula alba*)	33,80
46. Peuplier d'Italie (*Populus italien*)	36,12
47. Acacia (*Robina pseudoacacia*)	34,10
48. Tilleul (*Tilia Europa*)	38,16
49. Rotin grenine (*Calamus verus*)	29,19
50. Genêt (*Spartium scoparium*)	32,43

DE LA SÉPARATION DES FIBRES

Les papiers les plus anciens comme les plus modernes, étant soumis à une extension qui va jusqu'à leur rupture, démontrent par l'examen et le grossissement des déchirures que l'action du feutrage, cause mécanique de la contexture du papier est constamment la même : en effet, *les fibres ne se brisent pas*, elles se séparent en *glissant* les unes sur les autres et toutes les déchirures faites par la voie humide ou à sec ont le même aspect de *dissociation*. (Voir les planches XII, XIV, XVII, XIX.)

Les pâtes nouvelles de paille, sparte, bois chimique, etc. (Voir les planches E, F, G,), suivent les mêmes lois, les fibres glissent entre elles et se séparent sans jamais se briser.

La résistance que les fibres entrecroisées opposant à leur *dissociation* est doublée par le mucilage naturel, mais la véritable force de *cohésion* entre les fibres est due à l'encollage artificiel.

Les fibres du papier du treizième, quatorzième, quinzième, seizième, dix-septième, dix-huitième et dix-neuvième siècle présentent des différences assez notables. Le raffiné est assez inégal, surtout dans les premières époques; le tronçon est souvent grossier et plus long que le papier moderne; la fibre a toujours une certaine transparence, caractère qui indique en dehors de la structure spéciale de ces végétaux, le chanvre et le lin. Nous avons rencontré également la fibre du coton dans ces papiers primitifs.

Les Chinois et les Japonais (planches XXI papier chinois ancien; XXIII, papier chinois pour poètes; XXV, papier impérial du Japon réservé aux dignitaires; XXVII, papier chinois pour souliers) nous montrent des fibres d'une finesse, d'une délicatesse extrêmes et une variété de types d'une force exceptionnelle; ces peuples fabriquent leur papiers suivant l'usage auquel il est destiné; aussi ont ils compris qu'en faisant un mélange raisonné, judicieux, du chanvre, du lin, du bambou, du roseau du tungstaou et surtout du coton, ils augmenteraient la force, la douceur et la souplesse de leurs produits.

Le papier américain *Holyoke papier* (planches XXIX et XXX) est très résistant et très enchevêtré; la fibre est de grosseur moyenne et semble être une matière neuve non usagée, elle se contourne comme le lin.

Le papier fort d'Angoulême (Laroche-Joubert) (planches XXXI et XVXII) est également très enchevêtré et sans poudre minérale.

Le papier pour billets de banque (planches XXXIII et XXXIV). Papeteries du Marais 7 a tous les caractères, par sa transparence du chanvre, d'une matière neuve; l'enchêvretement en est régulier et particulier; il en est de même pour le papier pour le timbre (planches XXXV et XXXVI) Morel et Bercioux.

Le papier de Hollande (planches XXXVII et XXXIII) se distingue facilement par des fibres très fortes du chanvre et du lin.

Le papier à filtrer suédois dit Berzélius (planche XXXIX et XXXX) est remarquable par ses fibres plus lâches et dont l'écartement est tout a fait spécial.

Le papier anglais de Cowan (planche XL et XLI) a un entrecroisement d'une solidité exceptionnelle, ainsi que le papier pour aquarelle de Wathmann (planche XLIII et XLIV).

Le tableau synoptique des fibres diverses concernant les fibres et les pâtes à papier, ainsi que les poudres et résines employées dans la fabrication permet au lecteur de les reconnaître, de les comparer et d'en apprécier

l'utilité, il démontre que l'étude attentive faite à l'aide du miscroscope fait distinguer non seulement la nature, les espèces et les qualités différentes des fibres employées, mais aussi les caractères distinctifs des poudres et des matières étrangères.

POUDRES, FÉCULES, RÉSINES

Le Kaolin (planche N.), famille des Feldspaths, substance argileuse blanche, friable, apparaît à l'aide du grossissement en masses floconneuses blanches gris jaunâtre, divisées, semblables à des petits œufs de poisson.

Le plâtre et le sulfate de baryte (planche O). Le platre, sulfate de chaux calciné et le sulfate de baryte ont l'aspect blanc neigeux, leur forme est prismoïdale comme certain cristaux. — Il en est de même du talc (silicate anhydre de magnésie dont l'aspect est d'un blanc brillant).

La craie (planche P.) sorte de calcaire friable, aspect généralement blanc laiteux. Divisée, et sous un fort grossissement, a beaucoup d'analogie avec la neige fondue.

Amidons (planche IX) poudre blanche translucide, brillante comme de petites perles en verre; ces granules sont plus ou moins allongées suivant le produit d'ou elles sont tirées.

Les fécules et la dextrine (planche R.) Les grains de fécule sont loin d'avoir les mêmes dimensions, l'aspect général en blanc, la forme est sphéroïdale comme des gouttes d'eau ; la dextrine a une certaine analogie comme aspect avec les fécules, mais elle est beaucoup plus jaune.

Résines. (planche S). Les résines matières enflammables ont sous les grossissement un aspect brillant, diamanté, affectant des formes variées généralement prismoïdes comme des petits glaçons.

Les fibres du papier impérial japonais (planche T), sont incontestablement les plus parfaites, les plus délicates et les plus régulières, aussi donnent-elles des résultats incomparables.

Les fibres du papier chinois pour chaussures (planche U) sont variées, on y distingue les fibres du bambou, du chanvre et du coton la longueur de ces fibres est exceptionnellement longue; aussi faut-il de très grands efforts pour déchirer ce papier, qui a la force et la résistance d'une étoffe.

Les fibres du papier fort des papeteries de M. Blanchet-Kléber sont enchevrêtées à l'aide des filaments et de brindilles inégales de grosseur ; le produit offre une résistance remarquable au dasimètre.

Les fibres du papier à cigarettes français (planche W) sont plus fortes,

plus résistantes que celles servant à faire le papier à cigarettes espagnol (planche X), par contre, celles-ci sont plus fines et plus régulières.

Le papier commun pour journaux (planche Y) est un composé de toute nature. On y retrouve du bois moulu mécaniquement, du bois chimiquement défibré; à part la pâte de paille, peu ou point de textile; mais en revanche, beaucoup de poudres minérales dont la quantité peut être évaluée entra 25, 30 et 40 pour cent.

Le jute (corchorus-olctorius) ou chanvre de l'Inde. On se sert de cette plante textile pour fabriquer des cordages, des toiles d'emballage, et les chiffons, les déchets, sont employés avec avantage pour fabriquer certains papiers.

Le chanvre de Manille (manilla), provient d'une espèce de bananier; on en fait des nattes et des paillassons. On s'en sert aussi pour fabriquer certains papiers à envelopper.

DE L'EXTENSION DU PAPIER ET DE SA FORCE DE RÉSISTANCE

Le papier coupé en bandes étroites, soumis à une traction qui permet à l'aide du dasymètre d'en mesurer l'allongement, offre suivant sa nature plus ou moins de résistance suivant qu'il a été plus ou moins *séché*. Il ne faudrait pas aller jusqu'à la température de 100 degrés, car l'eau dans une infime quantité est indispensable à la constitution du papier. Presque toujours l'allongement avant la rupture est plus considérable dans le papier séché que dans le papier à l'état normal. Ce qui est presque constant, comme le démontrent les résultats comparatifs du tableau placé ci-dessous, résumé de nombreuses observations faites sur divers papiers dont nous indiquons la provenance, c'est que le papier acquiert par le séchage une plus grande force de résistance. De curieuses expériences faites aux États-Unis ont permis de constater que ce pouvoir de résistance était très supérieur à celui du bois et qu'il équivalait pour certains papiers à dix fois celui du chêne. Les bandes de papier coupées dans le sens de la longueur ont beaucoup moins de force, d'élasticité, que celles coupées sur le petit côté. La différence est notable et cette observation s'applique aussi bien au papier à la forme qu'au papier mécanique.

TABLEAU COMPARATIF DE L'EXTENSION DU PAPIER ET DE SA FORCE DE RÉSISTANCE

Numéros.	DÉSIGNATION DES PAPIERS.	Analyse chimique. Cendres.	Résistance du papier normal exprimée en poids par le dasymètre.	Allongement avant la rupture.	Résistance du même papier séché à 90 degrés.	Allongement du même papier séché à 90 degrés.
		F. 100.	kil.	mm.	kil.	mm.
1	Papier du quinzième siècle avec filigrane représentant une tête de bœuf surmontée d'une croix..........................	2.56	3.950	4.0	5.250	7.00
2	Papier du seizième siècle	4.25	2.500	3.5	5.000	7.00
3	Papier du dix-septième siècle	1.23	6.400	14.0	6.400	16.00
4	Ancien papier de Hollande..............	0.12	6.320	8.0	7.800	9.50
5	Colombier sans colle fin pour impressions (Rives) 82 kilogr.....................	0.79	13.700	4.0	14.750	5.00
6	Carré surfin pour dessin (Rives) 13 kilogr.	2.52	9.800	15.0	10.200	12.00
7	Coquille superfine pour la photographie (Rives) 8 kilogr.....................	1.45	3.200	8.0	4.100	15.00
8	Coquille blanche satinée fine (Rives) 7 kil.	1.48	6.000	7.0	7.200	7.00
9	Raisin de couleur pour couvertures (Rives) 15 kilogr....................	2.55	8.200	15.0	7.950	16.00
10	Carré buvard rose (Rives) 8 kil. 500......	0.82	5.150	5.0	5.000	5.00
11	Papier d'écriture n° 20. Nouveau système, paille de Sparte, colle végétale. A. Cowan.	14.31	5.800	22.0	4.200	22.00
12	Papier pour impressions n° 14. d° A. Cowan.	19.11	7.500	12.0	6.900	14.00
13	Holyoke-paper et C° (États-Unis) *Writengs Banknote*	0.13	7.000	7.0	8.400	7.00
14	Hurlbut-Paper et C° (États-Unis). Carton Bristol fait à la machine Foudrinier....	0 32	»	»	»	»
15	Papier goudronné pour envelopper. Brid et fils...............................	7.57	»	»	»	»
16	Papier filigrané. Morel, Bercioux et Mazure.	2.26	6.900	11.0	6.900	10.00
17	Raisin sans colle. 13 kil. *id.* *td*........	1.11	4.000	11.0	4.500	12.00
18	Demi-colombier pour eaux-fortes. 20 kil..	2.30	11.500	18.0	12.900	22.00
19	Papier bulle à dessin, dit papier *Ingres.* Montgolfier.......................	1.23	8.500	16.0	7.500	16.00
20	Papier fabriqué avec de vieilles cordes Manille. Z.-F. Hollingworth...........	4.55	5.400	14.0	5.500	14.00
21	Papier crème, extra supérieur. Haute fantaisie. Laroche-Joubert................	2.06	12.000	15.0	12.500	14.00
22	Papier à journal pour le *Figaro*..........	21.71	3.500	2.0	4.900	3.50
23	Papier servant aux dépêches télégraphiques.	17.61	2.800	4.0	4.100	4.00
24	Papier pour le journal *The New-York-Times*.............................	10.00	»	»	»	»
25	Papier pour le journal *El Tiempo*........	16.37	»	»	»	»
26	Papier pour le journal *El Secolo Milano*..	4.32	»	»	»	»
27	Papier chinois pour chaussures...........	2.38	9.400	6.5	8.700	5.60
28	Papier à filtrer dit de *Berzélius*........	0.08	2.100	4.5	5.000	2.24

DE L'HYGROMÉTRIE DU PAPIER

Le papier est un feutre capillaire, hygrométrique, s'allongeant[1] et s'augmentant comme épaisseur et comme poids au contact de l'humidité ;

1. L'allongement est notablement plus grand lorsqu'on opère sur les bandes coupées dans le petit côté du papier ancien ou moderne : ce phénomène est dû à l'entraînement et à l'enroulement des fibres dans le sens de la longueur. Le papier possède plus d'élasticité dans sa largeur, l'étirement ayant été moins long et moins fort que dans l'autre sens.

les fils des toiles, tissus, cordes, etc., se rétractent au contraire sous cette même action.

La force capillaire qui élève les liquides dans l'intérieur des tubes capillaires et le long des parois des vases est considérable dans les papiers non collés, elle donne lieu à des attractions et à des répulsions ; il en est résulté que l'industrie papetière a été amenée à fabriquer des papiers spéciaux dont les applications les plus récentes sont relatives à l'*endosmose*. L'endosmose est un courant qui s'établit du dehors au dedans entre deux liquides de densités différentes, lorsque ces liquides sont séparés par une cloison membraneuse très mince. Cette propriété endosmosique qui varie avec la nature des substances, s'applique à certaines membranes artificielles, au parchemin, et surtout à un nouveau papier parcheminé fabriqué *ad hoc*.

Par rapport au papier, l'eau joue un rôle si essentiel, que nous ne pouvons passer sous silence un fait intéressant pour les bibliothécaires, les archivistes et les conservateurs de dessins. Bien des fois, nous avons eu entre les mains des papiers anciens, en état complet de vétusté ; ces mêmes papiers reprenaient une partie de leur force, et de leur solidité, lorsqu'ils avaient été humidifiés convenablement et dans certaines conditions, ils redevenaient sonores, l'eau les avaient revivifiés.

Le papier donne lieu à un commerce considérable, la question relative à l'humidité [1] et à l'augmentation de poids [2], mérite que l'on s'y attache ; en effet, s'il est vrai que le papier fabriqué, sortant de la machine est coupé et mis en rames, suffisamment séché, nous voyons que tous les marchands et dépositaires, ont en général l'habitude de placer le papier dans les sous-sol et rez-de-chaussée humides, où il absorbe l'eau contenue dans l'air ; augmentant ainsi de poids, variant entre 10, 12, et 15 kilog. pour cent kilos. Le consommateur subit une perte, il achète en réalité un papier dont le poids une fois sec est sensiblement moindre.

Un autre inconvénient, plus grave encore, de l'humidité du papier, est à signaler dans les livres imprimés et insuffisamment séchés.

Avant leur assemblage, leur mise en ballot ou leur reliure, l'imprimeur

---

1. Le papier mouillé s'allonge en moyenne entre 2 et 3 centimètres par mètre ; en se séchant il reprend invariablement sa même dimension.

Les papiers collés fortement s'allongent beaucoup plus que les autres.

Nous avons remarqué que de très vieux papiers du treizième, quatorzième et quinzième siècle étant ortement mouillés se sont considérablement allongés, et qu'ils restaient encore *élastiques*, ce qui ne se rencontre pas dans les papiers modernes ; nous attribuons aux divers blanchiments par le chlore, etc., la faiblesse comparative de la fibre moderne, vis-à-vis de ces vieux papiers ayant l'aspect du linge.

2. Un billet de la banque de France de 100 francs pèse étant bien sec, 7 décigrammes. Le même billet, étant mouillé, pèse trois fois plus, c'est-à-dire 2 gr., 5 décigrammes.

trempe le papier et l'imprime forcément tout mouillé ; aussitôt son tirage terminé, il le fait enlever par le brocheur-assembleur, chargé de l'étendre dans son atelier sur des cordes tendues pour le faire sécher ; le local restreint, force celui-ci de mettre un grand nombre de feuilles superposées et aussi de les retirer trop tôt des cordes, de les assembler et de les mettre en ballots par exemplaires, encore imprégnés d'humidité : presque toujours les livres finissent par se piquer, ne peuvent plus se vendre avant d'avoir subi un lavage au chlore ; lavage onéreux à l'éditeur et nuisible à la solidité du papier. Faut-il donner ces exemplaires encore humides à la reliure, comme les ouvrages destinés aux étrennes, il arrive que non seulement le relieur ne peut les battre, ni les presser, ni les laminer, comme l'exige une bonne reliure ; car, il est exposé à voir se décalquer les caractères, vignettes et gravures d'une page sur l'autre.

Souvent l'humidité enfermée dans l'intérieur du livre, pénètre dans le carton, le fait jouer, gondoler, le traverse et change ou détériore les matières, couleurs tendres, dont il se trouve recouvert. Dans ces conditions l'acheteur, avec le temps verra tous les feuillets se piquer de plus en plus.

Aussi voudrions nous, voir chaque imprimerie pourvue d'un *séchoir* ou d'une *étuve*, où l'on mettrait à sécher les feuilles sorties des presses à mesure de leur tirage, au lieu de les faire enlever toutes mouillées par le brocheur. Nous ne saurions trop le répéter, celui-ci, aura beau prendre toutes les précautions, il n'évitera jamais le maculage et les cassures d'un grand nombre de feuilles.

Ce que nous disons de l'inconvénient de l'humidité dans le papier, s'applique également au carton. Le carton insuffisamment séché ou emmagasiné est vendu presque toujours saturé par l'humidité : le consommateur éprouve ainsi une perte de poids considérable, s'il veut faire sécher convenablement son carton avant de l'employer ; s'il n'en a pas le temps, le carton se déjettera, gondolera et provoquera des taches, des maculatures sur la couverture. Une autre cause de perte pour l'ouvrier résulte de la précipitation à couper d'avance le carton encore humide, ce carton sous la température élevée de l'atelier se rétrécit et diminue de grandeur.

Cet état de choses préjudiciable ne cessera que par une réglementation, un accord entre le commerce et le consommateur, il serait équitable selon nous d'admettre comme base hygrométrique trois pour cent comme poids toléré pour le papier, et 5 pour 100 pour le carton.

HISTORIQUE

Nous avons deux manières d'exprimer et de communiquer nos idées. La première à l'aide des sons et de la parole ; la seconde par le moyen des caractères, des signes et du dessin. L'écriture pouvant donner sous une forme durable une sorte d'existence aux pensées, nécessita l'invention d'une matière première d'un emploi plus facile que la pierre, l'airain, le bois, l'ivoire, etc., etc. ; aussi les anciens tenaient-ils en haute estime et comme très précieux le *papyrus*, produit néanmoins très incomplet, très inférieur au papier. Les multiples applications et les résultats dûs à l'invention du papier sont inappréciables, il est le véhicule le plus parfait de la pensée, la matière indispensable à l'imprimerie et le complément de cet instrument qui a le plus contribué au progrès et à faire entrer les peuples dans une vie commune.

Le mot *papier* dérive du nom d'une plante célèbre, le *papyrus*, dont les anciens ont fait un si grand usage pour l'écriture. Il ne faudrait pas déduire de cette étymologie que le papier est un produit similaire, par sa fabrication, au papyrus égyptien qui est une sorte de canevas croisé fait avec des matières herbacées enduites d'un apprêt.

La feuille de papier collée ou non collée, à son premier état est mince et flexible ; après le cylindrage ou satinage, qui complètent sa fabrication, elle devient le *subjectile* le plus commode, le plus propre à recevoir l'écriture ou l'impression. Alors l'imprimerie s'en empare et la vivifie : au lieu du papyrus inamovible des anciens, du parchemin calligraphé, d'une feuille qui semblait être une unité, le papier devient le véhicule de la pensée pénétrant par toute la terre et ce qui était rarissime est innombrable.

Il est à regretter de ne pouvoir citer les noms des fabricants qui, en Europe, ont fait les premiers papiers. On peut classer ces inventeurs oubliés parmi les bienfaiteurs de l'humanité.

Rien de plus varié que les substances sur lesquelles on a écrit ; les trois règnes de la nature ont été mis à contribution. On retrouve des inscriptions sur pierre, sur bois [1], sur brique, sur ivoire [2], sur parchemin [3],

1. Le bois le plus précieux employé pour les tablettes était le bois de *citrus*. L'album ou registre chez les Romains était composé de planches de bois blanchies à l'effet de recevoir l'écriture.

2. Les dyptiques étaient des tablettes à deux feuilles ordinairement en ivoire ; il existait aussi des tablettes de bois enduites de cire, l'usage s'en est perpétué jusqu'au moyen âge. On traçait les caractères à l'aide d'un stylet.

3. L'emploi des peaux tannées remonte à la plus haute antiquité ; les Romains es nommaient *dergamenum* et *membrana :* le mot *charta* désigna par contre la feuille de papier.

sur toile [1], sur les métaux les plus précieux comme les plus communs.

Les plus anciens documents ont été écrits ou gravés sur bois. La Bibliothèque nationale possède plusieurs spécimens manuscrits sur des feuilles et écorces d'arbre; les Chinois écrivaient de même sur des tablettes de bambou. A Rome, avant l'usage des colonnes et des tables de bronze, les lois étaient gravées sur des planches de chêne que l'on exposait sur le Forum.

Pour en revenir au papyrus [2], nommé *Biblos* par les Grecs, il avait, à l'origine, peu de consistance; il n'était pas collé ou l'était imparfaitement en sorte que l'encre pénétrait facilement la feuille. Les Athéniens honorèrent un certain Philtatius [3] qui leur avait enseigné l'art de l'encollage. L'encollage était pour le papyrus, comme pour le papier de nos jours, une des opérations importantes de sa fabrication.

A l'appui de ce qui précède, nous rapportons un passage de Pline le jeune, où il s'excuse de ne point écrire à son ami, le seul papier qu'il pût se procurer à la campagne buvant et obsorbant l'écriture au point de la rendre illisible.

Il y avait plusieurs sortes de papyrus, on les dénommait hiératique ou sacré; auguste ou impérial; livien; amphithéatrique; fanien, du nom de Fanius qui étendit sa largeur et qui polit sa surface. La qualité inférieure était le saïtique, ainsi que le lénéotique. Au dernier rang se plaçait le papier emporémique ou papier marchand. Ce dernier ne servait qu'aux enveloppes.

Selon Pline, les belles sortes de papier n'avaient pas plus de treize doigts de largeur (environ treize de nos pouces; 0^{m}3650); mais leur longueur fut agrandie au temps de Claude, en sorte que les macrocolles, les grandes feuilles avaient jusqu'à une coudée de hauteur (un peu moins d'un pied et demi; soit 50 centimètres), ce qui répond à peu près aux dimensions du papier connu aujourd'hi sous le nom de Couronne, et dont la rame (les cinq cents feuilles) coûte environ 5 francs [4], en sorte que,

---

1. On trouve dans les caisses, dans les sarcophages des momies, des linges couverts d'écriture. On a trouvé dans ces caisses plusieurs fragments des poètes grecs; l'usage subsista longtemps de cacher des livres dans des vaisseaux de terre, ce qui nous promet quelque précieuse découverte.

Les livres de toile étaient désignés sous le nom de *carbasina volumina*.

On écrivit aussi, en Perse, sur des étoffes de soie.

2. Le papier, dit papyrus, est selon saint Nil, dans son épître à Philippe le Scolastique, formé de papyrus et de colle. (Edition Possin, Paris, 1657).

3. Voici le passage d'Olympiodore conservé par Photius (cod 1. XXX, p. 61, Ed. Bekke). « On désirait beaucoup à Athènes connaître le moyen de bien coller les livres, et on se livrait à des recherches, lorsque Philtatius, dont le savoir littéraire était bien connu, enseigna aux Athéniens le degré d'encollage convenable. Ceux-ci, par reconnaissance, lui élevèrent une statue.

4. Ce renseignement est extrait d'une lettre de M. Egger, membre de l'Institut, à M. Firmin-Didot, sur le prix du papier dans l'antiquité et de la réponse de M. Firmin-Didot insérée dans la

de nos jours, une feuille de papier de dimension égale à celle dont il s'agit, coûterait cinq cents fois moins cher qu'au temps de Périclès. Cette cherté fut un des principaux obstacles à la reproduction des chefs-d'œuvre littéraires et à la formation des bibliothèques.

Les Egyptiens faisaient un grand commerce de leur papier. Comme le débit en était prodigieux chez toutes les nations étrangères, il en manqua quelquefois à Rome. Plus tard et jusqu'à la fin de la période mérovingienne, on se servit encore dans les Gaules, en Italie et dans les autres pays de l'Europe, du papyrus pour les lettres et les actes publics. On écrivait sur le papyrus à l'aide d'un petit jonc, *calamus*, taillé à cet effet et trempé dans l'encre, leur écriture était composée de signes idéographiques, figuratifs et symboliques.

Saint Jérôme, qui vivait dans le cinquième siècle, dit dans sa lettre à Chromace : « Le papier ne nous a pas manqué, l'Egypte continue son commerce ordinaire ». Les impôts sur le papier étant devenus trop onéreux sur la fin du même siècle, Théodoric, roi d'Italie, en déchargea le public. Cet allégement fut le sujet d'une lettre de Cassiodore où il félicite la terre entière de l'enlèvement de cet impôt sur une matière si nécessaire à tout le genre humain (exemple à imiter de nos jours). L'ancien papier d'Egypte était d'un travail trop difficile, par conséquent d'un prix trop élevé, pour qu'il pût être d'un usage général ; aussi fut-il remplacé par le parchemin et ensuite par le papier de coton ; néanmoins, les livres se comptaient par centaines de mille dans les bibliothèques d'Alexandrie et de Rome.

Si le papyrus date de la plus haute antiquité [1], la merveilleuse invention du papier de coton, remonterait selon M. Ambroise Firmin-Didot, aux années 89 et 106 de Jésus-Christ, et ce serait le peuple chinois qui aurait connu et pratiqué le plus anciennement l'art de fabriquer le papier de pâte bouillie. Les Chinois, ce peuple que nous trouvons aujourd'hui si stationnaire avaient tout inventé, ils connaissaient le papier longtemps avant notre ère, ils fabriquaient un papier et une encre qui, s'ils n'ont pas progressé comme ceux de leurs voisins les Japonais, sont encore

Revue contemporaine. Nous ajouterons que les planches de bois suppléaient souvent au papier, et cela à cause de leur moindre prix; ce rapport est aujourd'hui totalement inverse. Le prix du papier fait avec la tige du papyrus au temps de Périclès était 500 fois plus élevé que celui d'aujourd'hui. Une feuille de papyrus valait un drachme et deux oboles, ce qui correspond précisément au prix que vaut aujourd'hui une feuille de peau-vélin (4 fr. 50 à 5 francs). Le prix de la rame de papier à écrire.

1. Champollion jeune, dans une lettre adressée au duc de Blacas, déclare qu'il existe des contrats sur papyrus remontant à 1700 ans avant l'ère chrétienne.

Consulter le curieux catalogue de feu Théodule Dévéria, sur les manuscrits égyptiens, toile, tablettes, au Musée du Louvre.

admirables. Leur papier ancien est merveilleusement fin, ondoyant et soyeux, affectant différentes nuances, généralement dans la gamme blonde, fond doux clair, plaisant à l'œil, d'une finesse et d'une sensibilité excessive, pouvant retenir le moindre trait qu'on y imprime. Ce papier est composé suivant chaque besoin; en général, c'est le produit du mélange d'un arbre, tungtsaou, du lin, du chanvre, du coton et de la seconde écorce de bambou.

PAPIER DE COTON

Quand les musulmans s'emparèrent de l'Egypte, le commerce du papyrus s'anéantit peu à peu. On croit que ce sont les Arabes qui importèrent en Europe les secrets de la fabrication du papier déjà connu de la Chine. Certains historiens assurent que les croisés apprirent cet art pendant leur captivité et le firent connaître en Occident après leur délivrance.

Le papier de coton, tout en étant inférieur au papier fabriqué plus tard avec les chiffons de lin et de chanvre, remplaça le papier d'Egypte, étant de beaucoup plus commode à l'emploi et bien moins coûteux. Cette découverte fut très utile dans un temps où il y avait disette de parchemin. Le papier de coton cru fabriqué par les Arabes a un aspect jaunâtre, peu de corps et se déchire facilement.

Le parchemin, fabriqué originairement en Asie[1] (par suite des croisades et des guerres religieuses), vint à manquer. C'est alors que, plongés dans l'ignorance, les Grecs des dixième et onzième siècles, et d'autres peuples, eurent la malheureuse idée de gratter les anciens parchemins et même de les laver, effaçant ainsi les anciens textes, les Ovide, les Virgile, les Cicéron, etc., pour y écrire des lois barbares ou des livres liturgiques.

Ce funeste usage qui nous a fait perdre bien des trésors littéraires et scientifiques dura jusqu'à l'invention du papier de coton. On nomme Palimpsestes les manuscrits qui ont reçu deux écritures.

Les manuscrits grecs sur papier bombycin ou de coton sont nombreux; Edrisi, auteur arabe, qui écrivait en 1150, nous apprend qu'on fabriquait

---

1. Le parchemin (*pergamena* sous-ent *charta*) fut employé à Pergame du temps du roi Eumène, environ 200 ans avant J.-C. servant à l'écriture (et bien plus tard et exceptionnellement à l'imprimerie, était fabriqué ordinairement avec des peaux de chèvre ou de mouton. Le plus beau, dit vélin ou parchemin vierge, était fait avec des peaux de veau, d'agneau ou de chevreau. On faisait aussi un parchemin plus ordinaire avec des peaux de bêtes, âne, bouc, chèvre, loup, etc. Certains livres furent même reliés avec des peaux haines. — Sous Philippe Auguste, on recommençait à fabriquer le parchemin; c'était une industrie importante qui donna son nom à cette époque à une rue dite de la Parcheminerie.

à Xativa, aujourd'hi San Felipe [1] (dans le royaume de Valence), du papier tel qu'on n'en trouvait pas de pareil dans tout l'univers. Cacim Aben Hegi, autre auteur arabe affirme la même chose.

Les Italiens et les Grecs, continuellement en rapport avec les Arabes, se servaient alors du papier de coton. D'Espagne, l'usage s'en répandit en France ; en effet, une lettre du sire de Joinville à Saint-Louis, datée de 1270 et d'autres documents antérieurs à Philippe-Auguste, sont écrits sur ce papier, ainsi que des lettres adressées au duc de Bourgogne en 1302.

Nous manquons de données certaines pour préciser l'époque où l'on a mélangé des fibres de lin ou de chanvre avec le coton afin d'augmenter la solidité du papier. Les archives de l'hôpital de Kaufbeiner en Allemagne sont sur papier de fil ; elles portent la date de 1318, 1324, 1326.

Nous voyons qu'après la mort de saint Louis, sa bibliothèque fut dispersée comme l'avaient été précédemment celles des rois carlovingiens. Ce fut Charles V qui, le premier, songea à former une bibliothèque dans le but de la transmettre à ses successeurs. Ses livres furent déposés dans une des tours du Louvre qui fut appelée pour cette raison : Tour de la librairie. Giles Malet fut chargé de la garde de cette bibliothèque. Il en dressa l'inventaire lui-même en 1373. *Inventoire des livres du Roy notre Sr. estant au chastel du Louvre.*

Le premier feuillet est en blanc. On lit sur le second : « Cy-après, *en ce papier,* sont escrits les livres de très souverain et très excellent prince Charles, le quint de ce nom, par la grâce de Dieu, roy de France, estant dans son chastel du Louvre... etc. »

Ce catalogue mentionne neuf cent dix volumes [2].

On trouvait dans cette bibliothèque des livres de toute espèce. La plupart de ces livres étaient couverts de riches étoffes et enluminés de précieuses peintures.

Nota : A propos du papier, on lit dans ledit inventaire :

— Chroniques assemblées de Julius César et de Godeffroy de Billion, em *pappier,* em prose.

Julien Frontin, en un cahier de *papier,* couvert de parchemin.

Abundancia exemplorum, (cayers couverts d'un très vieil cuir).

---

1. Les Fori ou lois du royaume de Valence de 1238 par conséquent immédiatement après la conquète, ordonnent entre autres l'imposition d'une taxe sur le papier qu'on y fabriquait. Les fabricans de ce temps-là étaient encore des Maures.

Dans les lois du roi Alphonse le sage (1263) que Joseph Barni a publiées à Valence en 1750, il parle des documents auxquels pendaient des sceaux de cire, le papier est appelé *parchemin de drap : E estas son de muchas maneras, que las unas fucen en pergamino de cuero las otras en pergamino de paño.*

2. Nos bibliothèques sont pleines d'anciens manuscrits sur parchemins, sur papier de coton ou de chiffon qui témoignent d'un commerce considérable. et souvent d'une main-d'œuvre très habile.

38

PAPIER DE CHIFFE OU DE CHIFFON

Le papier a été confectionné dans chaque pays avec des éléments variables, ainsi que nous l'avons dit plus haut. C'était surtout le coton qui était la principale substance dont on se servait en Orient. Chose remarquable, ce coton était non usagé, mais une matière première, une matière vierge. En Europe, au contraire, les premiers papiers se firent avec des chiffons provenant du lin et du chanvre, ayant déjà été utilisés, usagés, soit comme tissu, soit comme linge ; de là les mots de chiffe ou de chiffon ; de là aussi la nécessité du nettoyage, du blanchiment par différents procédés inutiles à décrire et dont le chlore, plus ou moins bien employé, est aujourd'hui l'agent principal.

Voici ce que donnent les traditions : En 1189, Raymond-Guillaume. évêque de Lodève, permit la construction de plusieurs moulins à papier sur l'Hérault, et au quatorzième siècle, les papeteries d'Essonne[1] et de Troyes étaient en pleine prospérité.

C'est sur les bords des cours d'eau dans les pays où l'on cultivait et l'on filait le chanvre que les papetiers établirent leurs ateliers. Appelés par Guillaume Fichet, recteur de l'Université, Martin Krantz, Ulrick Géring, Michel Freyburger, vinrent d'Allemagne à Paris monter leurs premières presses dans les bâtiments de la Sorbonne, en 1469. Ils formèrent bientôt de nombreux élèves qui allèrent exercer leur art là où des moulins à papier fonctionnaient déjà.

A cette époque, l'art de faire du papier était presque exclusivement réservé à la France, qui en exportait des quantités considérables et fournissait l'Espagne, l'Angleterre, la Russie, la Hollande et tout le Levant.

Encouragés par Louis XI, les papetiers et les imprimeurs se multiplièrent. Cependant le grand nombre de callygraphes (*Dictionnaire des gens du monde*, tome III, page 120), après l'invention de l'imprimerie, était tel, qu'il allait à près de dix mille pour les seules villes de Paris et d'Orléans, et la fabrication du papier était si considérable en quelques provinces de France, que des quantités considérables étaient exportées à l'étranger, et surtout en Italie.

---

1. Ces papeteries sont dirigées actuellement par M. Paul Darblay; elles ont été, sous son active impulsion, pour ainsi dire transformées. On y fabrique de la pâte de paille en quantités considérables, dont une partie est utilisée sur place et l'autre vendue à d'autres usines à papier.

39

PAPETIERS

Cette corporation ne fut enregistrée en communauté qu'en 1590. La profession en est fort ancienne et était regardée comme un *art*, puisque Charlemagne, en 791, tira du corps des *papetiers parcheminiers* quatre jurés, auxquels il fit prêter serment pour servir auprès de l'Université qu'il venait de fonder : ce qui fut cause qu'ils furent appelés *papetiers de l'Université*.

On voit encore qu'en 1383, Charles VI, ayant accordé une exemption d'imposition aux officiers et suppôts de l'Université, ces quatre jurés papetiers de l'Université tirés du corps des marchands papetiers, jouirent également de ce privilège [1].

La fabrication du papier et du verre a frappé à un tel point l'attention des rois de France, qu'ils crurent devoir anoblir ces deux professions. Les ouvriers attachés aux papeteries et aux verreries étaient les seuls qui eussent le droit de porter l'épée et le titre de gentilhomme papetier ou verrier.

Plusieurs ordonnances royales furent publiées en France sur les fabriques de papiers ; la plus remarquable est certainement le règlement royal du 27 janvier 1739, dont voici les paragraphes :

1° Les chiffons employés à la fabrication du papier doivent être parfaitement découpés, défilés, écrasés et raffinés au moyen du maillet ordinaire, ou avec permission du Roy, à l'aide de machines appropriées à ce travail et ne pouvant servir à un autre travail.

2° Les maillets ou autres machines employées, ainsi que les récipients employés au pourrissage des chiffons doivent être tenus dans des lieux clos et couverts.

3° Les eaux ayant servi au lavage des pâtes et à la cuisson de la colle doivent être purifiées et filtrées au moyen de quatre récipients dont le dernier à fond de sable.

4° A sa sortie de ces récipients, l'eau devra être de nouveau filtrée dans une caisse à fond de toile avant d'arriver aux maillets des autres machines.

5° Il est interdit d'employer de la chaux ou autres matières caustiques avec les chiffons, même pour la fabrication des papiers gris ou cartons.

---

1. En 1758, les jurés sont : MM. Réal, rue Saint-Jacques ; Mercier, rue Judas, *leur bureau* dans la rue de la Bûcherie ; le patron, Saint-Jean, porte Latine (Extrait de l'*Almanach des Corps des marchands et des communautés des arts et métiers de la ville et faubourgs de Paris en 1758. Suppléments*, pages 17 et 18).

40

6° Le collage doit être fait de la même manière dans toutes les usines.

7° Il est défendu de se servir d'un savon ou d'un corps gras quelconque pour le satinage du papier.

8° Les poids et formats doivent être fixés d'après un tarif déterminé ; il peut être fait exception pour le grand-aigle, dont le format peut varier à condition que le poids varie dans les mêmes proportions.

9° Par contre, les fabricants de papier ont une tolérance de quelques lignes dans les formats, à condition qu'il soit établi que cette variation ne provient pas de formes défectueuses ou que le poids ne varie pas plus de 1/40.

10° Pour empêcher les fabricants de se servir de formes défectueuses, celles-ci doivent être présentées aux maîtres jurés, qui auront à les revêtir, ainsi que les couvertes, d'une marque ou empreinte au fer chaud, que sous les peines les plus sévères il est défendu d'imiter.

11° Le fabricant est tenu de marquer chaque feuille d'un signe déterminé pour chaque sorte ; ce signe ou filigrane se trouvera sur un feuillet pendant que l'autre portera les nom et prénoms du fabricant, la composition du papier et la première lettre du nom de la province dans laquelle se trouvera le moulin.

Les cinquante autres paragraphes de l'ordonnance de 1739 contenaient des dispositions moins importantes : les droits des fabricants et des marchands, des ouvriers et de leurs familles, les heures de travail, les salaires, etc [1]. Le tarif annexé indiquait cinquante-six sortes de papier.

Nous devons noter qu'au commencement du quatorzième siècle, il existait également en Toscane des fabriques de papier ayant des cours d'eau pour moteurs. De même, en Allemagne, surtout à Nuremberg, vers 1390. En Angleterre, ce fut beaucoup plus tard, en 1496 et en 1588. Il est à remarquer que longtemps après, ce pays était encore tributaire des papeteries françaises.

Les Hollandais, privés de cours d'eau et n'ayant que des moulins à vent pour moteurs, inventèrent les cylindres armés de lames tranchantes d'acier pour déchirer et broyer plus promptement les chiffons. Leurs beaux papiers sont encore renommés aujourd'hui et recherchés pour les livres d'art, les catalogues, etc. Ils doivent leur qualité solide aux toiles de Hollande produisant les meilleurs chiffons. Jusqu'à la fin du dix-huitième siècle, le papier de chiffon se fabriqua à la cuve ou à la main.

Le papier à la cuve, dit papier de linge ou de chiffon, a été, à peu de chose près, partout fabriqué par les mêmes procédés. Les chiffons, après

1. Traduit en allemand, par M. G. F. Wehrs.

avoir été lavés, étaient placés tout mouillés dans des cuves nommées pourrissoires. Cette première opération importante pour la qualité du papier étant terminée, on mettait les chiffons dans des espèces de mortier ou des maillets mis en mouvement par des moulins à eau qui en faisaient une espèce de bouillie ou de pâte. On faisait autrefois trois sortes de pâtes : la commune ou bulle, la moyenne et la pâte fine. Suivant leur degré de finesse, elles servaient à faire du papier ou très gros, ou médiocre, ou très fin. La pâte perfectionnée se mettait dans de grandes cuves pleines d'une eau très claire et un peu chaude ensuite remuée, brassée à plusieurs reprises, puis elle était placée dans des moules, petits châssis connus sous le nom de formes [1], plus grands ou plus petits, recouverts d'un tissu métallique permettant à la pâte trop liquide de couler, suivant le format à fabriquer. La feuille de papier est l'empreinte de *la forme* et les dimensions de celle-ci donnent le format.

Le fond ou châssis d'un côté est formé par quantité de menus fils de laiton, très serrés les uns contre les autres, et joints de distance en distance par de plus gros fils nommés vergeures ; justement au milieu de chaque demi-feuille, se mettent d'un côté la marque du manufacturier, marque en fil de cuivre soudée en relief sur les vergeures de la forme, et de l'autre une empreinte convenable à la sorte de papier qui se fait, comme des grappes de raisin, des figures, des serpents, des emblèmes, des armoiries, des noms de Jésus, etc.

Comme ces marques ou empreintes appelées filigranes sont en fils de laiton, aussi bien que les vergeures, et qu'elles excèdent un peu du fond, elles s'impriment dans le papier et paraissent au jour plus transparentes que le reste.

Chaque forme se plonge dans la cuve pleine de l'eau épaissie par la pâte de chiffons. Lorsqu'on l'en retire, le plus clair s'écoule par les intervalles imperceptibles des fils de laiton, en sorte que ce qui reste, se coagule, se congèle dans l'instant, et devient assez solide pour que l'ouvrier puisse renverser la feuille sur le feutre ou sur une autre étoffe.

Tandis que l'ouvrier fait une seconde feuille de papier, en plongeant une seconde forme dans la cuve, un aide couvre la première d'un second feutre, pour recevoir l'autre feuille qui se fabrique et ainsi de suite, jusqu'à ce qu'il y ait une pile suffisante de feuilles de papier alternée

---

1. Les formes sont des instruments avec lesquels on puise la pâte dans la cuve, pour en former le papier, elles sont composées d'un bois dur et sec sur lequel est fortement tendue une toile en fil de laiton soutenue par des tringles en sapin, nommées *pontuseaux*. Le papier est filigrané lorsqu'il porte une empreinte en creux formant une image distincte, claire, étant vue par transparence.

avec les feutres pour être mises à la presse afin d'exprimer la plus grande partie de l'eau.

Quand les feuilles ont été suffisamment pressées, on les met sécher sur des cordes dans les étendoirs, où l'air circule par certaines d'ouvertures faites exprès, que l'on ouvre et que l'on ferme par des coulisses.

Lorsque le papier est bien sec, on le colle ; et quand il est bien et dûment collé, on le remet encore sous la presse ; ensuite on le trie et on le compte pour en former des mains. La main est composée de vingt-cinq feuilles, la rame de vingt mains : ce qui fait cinq cents feuilles, et le paquet de deux rames de mille feuilles.

Le papier se vend partout en rames. S'il y en a de différentes sortes et de différentes qualités. On le distingue : en papier à écrire, à imprimer, à estampes, de chancellerie, etc. Par rapport aux dimensions, on le divisait autrefois en moyen, à la couronne, au bonnet, au pot, royal, surroyal, impérial, éléphant, atlas. Par rapport aux pays où on le fabrique, on le divise en allemand, lombard, papier de Hollande, de France, d'Angleterre, de Gênes, etc.

Le papier de France se divisait en grand, en moyen et en petit. Les petites sortes sont la petite romaine, le petit raisin ou bâton royal, le petit nom de Jésus, le petit à la main, etc., qui prennent le nom de la marque qu'on y empreint en les faisant ; le cartier, propre à couvrir par derrière les cartes à jouer ; le pot, dont on se sert pour le côté de la figure ; la couronne, qui porte ordinairement les armes du contrôleur général des finances ; celui à la tellière, qui prend les armes de l'ancien chancelier Le Tellier, son nom et un double T ; le champy, *un papier* à châssis ; et la serpente, ainsi nommée à cause d'un serpent dont il est marqué, — ce papier extrêmement fin sert aux éventaillistes.

Les moyennes sortes sont : le grand raisin simple, le carré simple, le cavalier et le lombard ; ces trois derniers servent pour l'impression ; l'écu ou de compte simple, le carré double, l'écu double, le grand raisin double et la couronne double ; — ces trois derniers sont appelés double, à cause de leur épaisseur ; ajoutez à cela le pantalon ou papier aux armes de Hollande, et le grand cornet, ainsi appelé à cause de sa marque.

Les grandes sortes sont : le grand Jésus, petite et grande fleur de lis, le chapelet, le colombier et le grand-aigle, le dauphin, le soleil et l'étoile, ainsi nommées à cause des marques qui y sont empreintes ; ils sont propres à imprimer des estampes et des thèses, même à faire des livres de marchands et à dessiner ; le grand-monde est le plus large de tous.

Outre ces papiers que l'on appelle les trois. sortes et qui servent tous à l'écriture et à l'impression, il s'en fabrique encore d'autres de toutes couleurs, collés ou non collés pour envelopper des marchandises, etc.

Le papier à écrire, pour être bon doit avoir les qualités suivantes : la première et la principale, c'est d'être bien collé, ferme et pesant ; celui qui est mou, faible et lâche au maniement n'est pas bien collé, et conséquemment est d'un mauvais usage ; il faut qu'il ait le grain délié, qu'il soit net et uni, sans taches ni rides, afin que la plume glisse dessus facilement ; il faut regarder aussi à ce qu'il n'y ait ni filets ni poils ; ces poils entrant dans la fente du bec de la plume, rendent l'écriture baveuse. Il faut encore qu'il soit blanc ; mais le papier blanc n'est pas ordinairement le mieux collé. A qualités égales, le plus anciennement fabriqué est préférable.

Le papier vélin est moins ancien que le papier vergé ; ces deux sortes de papier ne diffèrent entre elles que par la nature des formes qui servent à la fabrication du papier.

TABLEAU

DES DIMENSIONS ET DES POIDS DES PAPIERS DE FRANCE
ÉTABLIS AVANT LE SYSTÈME DÉCIMAL EN POUCES ET EN LIGNES.

DÉNOMINATIONS.	DIMENSIONS. Largeur.	DIMENSIONS. Hauteur.	POIDS.	PAPIERS EMPLOYÉS LE PLUS ORDINAIREMENT DANS LE COMMERCE. Mesures au système décimal.
	Pouces et lignes.	Pouces et lignes.	Litres.	
Grand-Monde	43	31.3	215	Cartes géographiques, dessins, 1m,19 sur 0m,87.
Grand-Aigle	36.6	24.9	131 à 140	Cartes géographiques, grand registre, 1m,14 sur 0m,68.
Grand-Soleil	36	24.10	105 à 110	Grands ouvrages, 1 mètre sur 0m,69.
Au Soleil	29.6	20.4	82 à 85	
Grande-Fleur-de-Lis	31	22	79	
Grand-Colombier ou Impérial	31.9	21.3	90	Impression, cartes, dessins, gravures, 0m,90 sur 0m,60.
Grand-Chapelet	31.6	22	66	
Chapelet	29	20.3	60	
Grand-Jésus ou Super-Royal	26	19.6	51 à 53	Dessins, impression, écriture, 0m,72 sur 0m,56.
Petite-Fleur-de-Lis	24	19	36 à 38	Jésus ordinaire, impression, 0m,70 sur 0m55.
Grand-Lombard	24.6	20	34	
Grand-Royal	22.8	17.10	32 à 33	
Royal	22	16	30 à 32	
Petit-Royal	20	16	22	
Grand-Raisin double	22.8	17	35 à 38	Impression et dessin, 0m,64 sur 0m,50.
Grand-Raisin simple	24.8	17	26 à 28	
Lombard	21.4	18	24	
— ordinaire ou Grand-Carré	20.6	16.6	21 à 22	Impression, 0m,60 sur 0m,45.
Cavalier	19.6	16.2	17	
Double-Cloche	21.6	14.6	18	Écriture, 0m,59 sur 0m,39.
Grande-Licorne à la Cloche	19	12	12	
A la Cloche	14.6	10.9	9	
Carré ou Grand-Compte, ou Carré au Raisin double	20	15.6	26 à 27	Impression ou écriture, 0m,56 sur 0m,45.
Carré ou Grand-Compte ou Carré au Raisin simple	20	15.6	17 à 18	
Carré très mince	20	15.6	13 et moins	
Au Sabre ou Sabre-au-Lion	20	15.6	17 à 18	Écriture, 0m,56 sur 0,44.
Coquille fine double	20	15.6	14 à 15	
— ordinaire	20	15.6	12 à 13	
— mince	20	15.6	8 à 10	
Écu-Moyen-Compte, Compte, ou Pomponne double	19	14.2	21	Écriture, 0m,53 sur 0m,40.
Écu-Moyen-Compte, Compte, ou Pomponne simple	19	14.2	16 à 17	
Écu très mince	19	14.2	11 et moins	
Au Coutelas	19	14.2	16 à 17	
Grand-Messel	19	15	15	
Second-Messel	17.6	14	12	
A l'Étoile, Éperon ou Longuet	18.6	13.10	11	
Grand-Cornet double	17.9	13.6	11	
— simple	17.9	13.6	12	
A la Main	20.3	13.6	13	Écriture ou impression, 0m,46 sur 0,36. 0m,39 sur 0,29.
Couronne ou Griffon double	17.1	13	14	
— mince	17.1	13	12	
— très mince	17.1	13	7 et moins	
Champy ou Bâtard	16.11	13.2	11 à 12	Tableaux, comptes et dessins; 0m,45 sur 0m,35. 0m,55 sur 0m,35.
Tellière, grand format double	17.4	13.2	14	
— simple	17.4	13.2	12	
A la Tellière	16	12.3	14	
Cadran	15.3	12.8	12	
Pantalon	16	12.6	11	
Petit-Raisin, Bâton-Royal ou Petit-Cornet à la grande sorte	16	12	10	
Trois-O-Trois-Ronds ou Gênes	16	11.6	9	
Petit-Nom de Jésus	15.1	11	8	Florette, exportation, 0m,44 sur 0m,34.
Armes d'Amsterdam	15.6	12.1	12 à 13	
Cartier, grand format	16	12.6	13	
— petit format	15.1	11.6	11 à 12	Ou Écolier pour écriture, 0m,40 sur 0m,31.
Pot ou Cartier ordinaire	14.6	11.6	10	
Pigeonne ou Romaine	15.2	10.4	10	
Espagnol	14.6	11.6	8 à 9	
Le Lis	14.1	11.6	8 à 9	
Petit-à-la-Main ou Main-Fleurie	13.8	10.8	8	
Petit-Jésus	13.3	9.6	6 à 7	

En 1741, le 18 septembre, le Conseil d'État, par un arrêt, avait fixé les grandeurs et les poids des différentes sortes de papiers; il y était dit que le poids fixé pour les rames était le même pour les qualités de même sorte, sans fin, moyen, bulle, venant ou gros bon à la livre de seize onces, poids de marc. Nous remarquons que le papier grand-monde n'est pas mentionné, mais par contre nous y trouvons d'autres formats, tels que le grand et le petit-atlas.

PAPIER MÉCANIQUE, PAPIER CONTINU OU PAPIER SANS FIN

L'invention du papier mécanique a changé la face du commerce de la papeterie, de l'imprimerie et de la librairie, c'est elle qui a rendu possible le développement du journalisme.

Depuis l'invention du papier continu ou papier sans fin, les formats ont perdu de leur importance, en ce sens que l'on coupe et taille le papier aujourd'hui, suivant le caprice du public ou les besoins des éditeurs, qui ont créé de nouvelles dimensions et de nouveaux formats auxquels ils ont donné leurs noms.

On est arrivé depuis peu d'années, en perfectionnant les machines pour l'imprimerie, à pouvoir employer le papier en immenses bobines, et rien n'est plus curieux que de voir ces rouleaux de plusieurs kilomètres se dérouler sous les presses.

C'est principalement à l'invention des machines que l'industrie papetière doit son immense extension. En 1797, un ouvrier français, Louis Robert[1], employé à la papeterie d'Essonne, imagina une série d'appareils mécaniques devant produire le papier continu, c'est-à-dire des feuilles d'une longueur indéfinie sur une largeur donnée. Les circonstances où se trouvait la France à cette époque firent ajourner des essais aussi longs que dispendieux. On avait déjà dans la même usine employé les premiers cylindres construits par un mécanicien hollandais. M. Didot-Saint-Léger, auquel la papeterie, l'imprimerie et la librairie doivent tant de perfectionnements, — entre autres la première machine à fondre les caractères, — acheta à Louis Robert son brevet d'invention et se chargea de perfectionner son système.

Il fut obligé d'aller en Angleterre, car les mécaniciens lui manquaient alors, et là, associé de John Gœmble, soutenu par Fourdrinier, propriétaire de l'usine de Dartfort, il arriva vers 1803 à réaliser l'idée de Robert. Ce fut un savant ingénieur, Boyan Donkin, qui fit déposer dans les ateliers de M. Hall ces machines, dont la première fut dressée à Frogmore, dans le comté d'Hertford, et la seconde à Two Waters. — Plus tard, M. Berthe, vers 1818, installa à Saint-Roch, près d'Anet, une machine exécutée par M. Calla. D'autres perfectionnements furent ajoutés par M. John Dikenson, Canson d'Annonay, Crompton, qui inventa et perfectionna le séchage par les cylindres chauffés à la vapeur; d° la machine de Leistenschneider

---

[1]. Louis Bobert, inventeur de cette merveilleuse machine, obtint pour sa découverte une garantie de brevet de quinze ans, ainsi qu'une récompense de 8000 francs.

46

(1813), de forme cylindrique ou ronde au lieu d'être une table rectangulaire; la machine de Brocard (1838), composée de plusieurs formes circulaires; la machine à table plane de Roger, pour la fabrication du papier de sûreté. D'autres machines, avec plus ou moins d'améliorations, sont construites tous les jours par MM. Thery, L'Huillier, Chassin, Varral, etc.

L'invention de la machine à vapeur et de la machine à papier continu ont produit une révolution extraordinaire dans l'art de la papeterie; aussi la presse à bras est-elle remplacée par la presse mécanique. La stéréotypie et le clichage improvisent des clichés au fur et à mesure de la mise en page. Peu de machines faisaient, il y a quinze ans, une largeur de papier supérieure à 1^m,60, fabricant environ 2000 à 2500 kilos par vingt-quatre heures. Aujourd'hui la tendance est de faire des machines très larges. Nous devons constater qu'il a été fait de grands progrès, tant sous le rapport de l'aspect du papier que de sa qualité, par de meilleurs systèmes de nettoyage, de trituration, de blanchiment et l'épuration plus complète de la pâte par l'emploi d'épurateurs à grande surface, soit plats, soit rotatifs, avec fentes de tamisage plus fines.

La *Calandre* se compose de plusieurs cylindres en fonte très dure et d'autres cylindres intercalés, en papier imprimé; le papier est calandré en feuilles ou en continu; dans le premier cas il convient de lui donner un matissage préalable en le mouillant et lui laissant le temps de bien prendre et repartir uniformément l'humidité; pour le calendrage en rouleau, il suffit de mouiller le papier avant son enroulage; on calcule que le satinage au moyen de calandres revient à moitié prix de celui produit dans le laminoir par des plaques de métal. Il réduit, en outre, considérablement le nombre d'ouvrières.

Emploi de la calandre à la suite de la machine. Ces calandres, composées d'une série de cylindres en fonte sont très usitées maintenant dans les fabriques anglaises et américaines. Coupant la feuille au fur et à mesure de sa sortie de la machine, de manière que le filigrane se trouve toujours à la place voulue.

Bobineuses. — Depuis l'emploi des presses imprimant les journaux en papier continu, les imprimeurs demandent leur papier en *bobines* bien serrées et enroulées bien parallèlement. On emploie, à cet effet, des machines enroulant la feuille sans fin en plusieurs bandes, suivant sa longueur, au moment même de l'enroulage.

Les différentes opérations de la machine à papier ont lieu dans l'ordre suivant :

1° Distribution et dilution de la pâte;

2° Épuration de la pâte : — sabliers épurateurs, tabliers;

47

3° Transformation de la pâte en papier : — la toile métallique et ses accessoires, pompes à air ;

4° Élimination de l'eau : 1° par écoulement naturel; 2° par aspiration et pression atmosphérique ; et 3° par pression cylindrique ;

5° Élimination de l'eau par la vaporisation sur les cylindres sécheurs ;

6° Satinage des surfaces : — calandre;

7° Enroulage du papier ;

8° Coupage du papier sur la machine et à la suite de la machine.

Le papier fabriqué à la mécanique est d'un prix relativement modique, et on l'obtient par grandes quantités répondant aux besoins de la consommation. Malgré tous les perfectionnements, il est moins solide que le papier fabriqué à la main (dit papier à la cuve), par contre, la surface du papier mécanique est plus unie, plus polie, plus commode pour l'écriture. Ce genre de papier a permis de propager l'emploi des plumes de fer, mais il est peut-être une des causes qui ont fait perdre la *lisibilité* de l'écriture et abandonner pour l'anglaise, la ronde, la coulée, la bâtarde. (Systèmes d'écritures qui économisaient la place dans les anciens manuscrits, comptes, etc.

Le papier à la main peut être vélin ou vergé; le papier à la mécanique peut également être vélin, ou vergé par un rouleau spécial, sur la table de fabrication, ou artificiellement au satinage.

Les papiers collés s'emploient plutôt pour l'écriture et les papiers non collés pour l'impression.

PAPIERS A DESSIN

Les papiers à dessin sont ou vélins ou vergés, mais presque toujours fabriqués à la forme. Les papiers bulle sont adoptés à l'École des beaux-arts[2], et aux autres cours de dessin, à cause du grain particulier obtenu par la pression des feutres ou porses entre lesquels chaque feuille est pressée.

PAPIERS POUR L'AQUARELLE

Les papiers pour l'aquarelle doivent être forts et souples; ils sont presque toujours vélins, même sous la dénomination de papier torchon, ils sont collés, afin de permettre d'étendre et de marier les teintes et les couleurs; collé insuffisamment le papier boit inégalement et forme des taches.

1. M. Ingres, mon maître, auquel je demandais pourquoi il avait conseillé à ses élèves ainsi qu'à l'École des beaux-arts l'emploi d'un papier bulle auquel on a donné son nom, me répondit que le ton du crayon noir était désagréable et trop dur sur le papier blanc, et qu'ensuite on n'avait pas la ressource comme sur le papier gris de remettre des lumières aux places nécessaires.

48

PAPIERS POUR IMPRESSION DE GRAVURES, EAUX-FORTES, LITHOGRAPHIE, ETC.

Les papiers pour estampes, eaux-fortes, etc., nécessitent une fabrication excessivement soignée. La pâte n'en doit pas être dure, car elle émousserait les tailles promptement.

Le degré d'encollage joue un rôle considérable; aussi l'ouvrier imprimeur demande-t-il, en terme de métier, que le papier ait *de l'amour*, c'est-à-dire qu'il prenne bien l'encre.

Nous observons avec regret que les papiers modernes sont plus souvent tachés de rouille que les papiers anciens : il y a peut-être trois causes : la première, c'est que les pâtes des papiers modernes blanchies au chlore ne sont pas suffisamment lavées; la seconde, c'est que le séchage après l'impression est fait d'une manière insuffisante; la troisième est due accidentellement au voisinage du carton sur lequel la gravure est tendue, carton mal fabriqué, contenant des limailles de fer.

Les papiers de luxe sont faits avec de meilleures matières premières donnant une pâte plus pure et plus nerveuse que celles employées pour les papiers ordinaires; aussi les feuilles sont-elles plus résistantes et mieux satinées.

Depuis quelques années ces papiers ont été, en France, très perfectionnés; ils peuvent aujourd'hui presque lutter, comme qualité, avec les papiers anglais si justement renommés, mais que l'on paye beaucoup plus cher. Ces papiers sont employés de préférence pour toutes impressions d'armoiries, de chiffres et autres emblèmes élégants. On y ajoute des décorations en or de couleur, ou camaïeux.

On se sert également pour enveloppes indéchirables de papier parcheminé.

Les papiers de fantaisie donnent lieu à un chiffre d'affaires important; ils sont confectionnés avec des papiers blancs fins, qui sont ensuite dorés, argentés peints, imprimés, gaufrés, estampés, etc.; et employés surtout pour le cartonnage, la reliure, la confiserie, etc. Il faut comprendre dans cette nomenclature les papiers porcelaine, pour cartes de visite; d° les papiers recouverts de céruse ou blanc de zinc.

Des articles tout spéciaux et des emplois nouveaux du papier nous conduisent à parler de l'avenir, non seulement du celluloïde, mais de ses dérivés, qui font l'objet d'une branche toute nouvelle de l'industrie, pouvant s'appliquer à tous les usages, tels que la décoration, l'ameublement, mais encore à la construction de chaloupes et de vaisseaux en

papier [1]. Des expériences comparatives ont été faites sur le pouvoir de la résistance de certains papiers; il a été constaté qu'il équivalait à dix fois la résistance du bois de chêne.

En attendant que toutes les merveilles entrevues, toutes ces applications nouvelles se réalisent, nous mentionnerons l'emploi du papier pour manchettes, chemises, cols, coûtant moins que le blanchissage ordinaire des mêmes objets en lingerie, et les imitant parfaitement.

PAPIER-MONNAIE, BILLET DE BANQUE-BANKNOTES, GREEBACHS, CHÈQUES, DOCUMENTS MONÉTAIRES, ACTIONS, OBLIGATIONS, PAPIERS FILIGRANÉS, TIKETS ET TIMBRES-POSTE.

Le papier-monnaie a été créé par les particuliers pour faciliter les relations commerciales. Les Chinois s'en servaient dès le treizième siècle. La lettre de change n'est pas autre chose que du papier-monnaie. Divisés et persécutés, les juifs furent les premiers en Europe qui en comprirent toute l'importance. Ce n'est guère qu'au siècle dernier que les gouvernements l'ont employé comme monnaie fiduciaire, pouvant rendre le même service que la monnaie métallique. Le papier-monnaie est un moyen financier normal ne devant jamais excéder certaines limites, sous peine de dépréciation; il devient un expédient, quand il dépasse la monnaie métallique active d'un pays.

A notre époque, les papiers-monnaie jouent un rôle considérable dans les questions économiques et financières d'un pays. Dans un état de choses régulier, ces papiers ne sont reçus que librement.

Le billet de banque est un papier de crédit qui tient lieu d'argent monnayé, aussi chaque État s'est-il entouré des plus grandes précautions contre les falsificateurs; la plupart par des papiers, dits papiers filigranés; d'autres ont cherché la sécurité en compliquant les difficultés de fabrication du papier par l'interposition de fibres diversement colorées ou bien en imbibant le papier de certains sels où l'on imprime le chèque en couleurs aisément délébiles, afin de reconnaître les moindres altérations.

Sur ces papiers toute écriture est ineffaçable, les essais avec les agents chimiques forment des taches qui démontrent la falsification; d'autres encore ont ajouté au papier filigrané des encres indélébiles, des dessins en couleur, et des signes que l'on s'est efforcé de rendre inimitables.

Nous croyons que ces questions si intéressantes n'ont jamais été

1. Lire la relation : *Un voyage en canot de papier*, par N.-H. Bishop, de Québec, au golfe du Mexique ou 2500 milles à l'aviron.

mieux traitées que par Lavoisier, dont nous donnons ci-contre quelques extraits.

EXTRAIT *des rapports présentés à la Convention nationale par* LAVOISIER, *sur la fabrication des assignats.*

L'objet à remplir est de multiplier tellement les difficultés de la contrefaçon, que personne ne puisse l'entreprendre sans avoir à sa disposition de grands artistes de différents genres, de grandes manufactures, et un grand concours de moyens qui exigent de la publicité.

Les grands talents sont rares, et c'est déjà beaucoup que d'exclure du nombre des contrefacteurs tous les gens médiocres qui forment le plus grand nombre. Il est rare, d'ailleurs, que les artistes d'un grand talent soient exposés à la séduction qui naît du besoin : ils ont la plupart une subsistance assurée, une réputation à conserver, et il est difficile de supposer qu'ils compromettent une existence honorable pour courir après une augmentation de fortune aussi éventuelle et accompagnée d'aussi terribles dangers.

On peut, en quelque façon, augmenter à volonté la difficulté des grandes entreprises de contrefaçon, en employant le concours de beaucoup d'artistes de genres différents.

Un autre principe, dont ceux qui se sont mêlés dans l'origine de la fabrication des assignats n'ont pas assez senti l'importance, c'est que les assignats doivent présenter entre eux, soit pour la fabrication du papier, soit pour la gravure et l'impression, une parfaite identité, et un choix de caractères distinctifs à la portée des personnes les moins instruites.

DES FILIGRANES

L'art de ménager dans le papier des parties plus ou moins claires, plus ou moins transparentes, de former de plus grandes épaisseurs dans les parties destinées à l'application du timbre, de gaufrer la toile pour obtenir des enfoncements et des reliefs, devenant très difficile et au-dessus des moyens qu'ont les formaires attachés aux fabriques de papier, il paraît nécessaire de séparer entièrement ces deux parties de la fabrication, la confection du papier et la construction des formes, et de fournir ces dernières toutes faites aux fabricants de papier.

Ce sera d'ailleurs un avantage, toutes choses égales, pour la sûreté, de séparer la construction des formes et la fabrication du papier : les intelligences seront plus difficiles, et ce sera une difficulté de plus, ajoutée à beaucoup d'autres, pour les contrefacteurs.

Les filigranes, par leur élégance et la perfection de l'exécution, offrent de telles difficultés qu'ils sont une des garanties les plus réelles contre la contrefaçon.

DE LA MATIÈRE PREMIÈRE DU PAPIER

Après avoir étudié le mérite de différents papiers fabriqués avec le chiffon blanc ou des chiffons écrus, Lavoisier conseille l'emploi du papier de chanvre, qui réunit les plus grands avantages du côté de la solidité, et qui exige dans le chanvre une partie glutineuse qui s'incorpore dans le papier qui en est fabriqué. Ce papier a quelque ressemblance avec le parchemin et la baudruche. Il est demi-transparent, résiste à l'usure, a plus de légèreté, de finesse, à force égale avec les autres papiers.

DU PAPIER DOUBLÉ

Plusieurs fabricants, et à cette époque les frères Johannot, avaient imaginé de réunir ensemble, par la pression, deux feuilles de papier très minces et de former des papiers à deux surfaces diversement coloriés.

DES PAPIERS PARCHEMINÉS

Les papiers parchemins purs, ou celui qui contient les trois quarts de matière parchemin et un quart de chiffon blanc, semblerait préférable à tous les autres, s'il laissait apercevoir le filigrane; ce défaut empêche de les employer, ce qui est à regretter, car ils sont moins sujets à l'usure que les papiers ordinaires; ils ne sont ni cassants, ni exposés à se couper, et ils présentent aux yeux les moins exercés des caractères frappants de reconnaissance. Au sujet des colorations, il vaut mieux employer les camaïeux. L'emploi des registres à souches ou à talons composés de deux parties distinctes, l'une dormante, l'autre destinée à être séparée, donne des avantages très appréciés des sociétés de banque; en ménageant dans le filigrane des traits qui se croisent et passent du talon au billet, et font ainsi des dessins irréguliers que les ciseaux doivent séparer; c'est en même temps un contrôle et une difficulté de plus contre la contrefaçon.

Les matières premières servant aujourd'hui à fabriquer le papier sont si nombreuses et si variées, qu'il n'est guère possible de les énumérer sans omission; aussi le domaine déjà si vaste de la technologie du papier s'étend-il journellement, et toutes les connaissances nécessaires ne peuvent dans leurs détails être parcourues et exposées par un seul homme.

9 782019 951153